高等教育艺术设计精编教材

手绘效果图设计表现与应用

吕从娜　刘思维　刘旭　编著

清华大学出版社
北　京

内容简介

本书主要介绍了手绘效果图设计与表现的方法,以及效果图表现基础,室内、室外效果图设计表现与应用。书中详细讲述了透视的基本画法,马克笔的运用,平面图、室内和室外效果图的绘制步骤、表现方法及应用等内容。同时,结合设计项目工程案例,对基本步骤进行详尽的讲解,并配备文字和技巧提示,以便快速提升学生的手绘创造力和表现力。

本书既可作为普通高等院校环境设计、建筑设计、园林设计及城市规划等相关专业的教材,也可作为广大艺术设计爱好者入门学习及参考使用的参考书。

图书在版编目(CIP)数据

手绘效果图设计表现与应用/吕从娜,刘思维,刘旭编著. —北京:清华大学出版社,2022.3(2024.8重印)
高等教育艺术设计精编教材
ISBN 978-7-302-59208-2

Ⅰ.①手… Ⅱ.①吕… ②刘… ③刘… Ⅲ.①环境设计—绘画技法—高等学校—教材 Ⅳ.①TU-856

中国版本图书馆 CIP 数据核字(2021)第 187923 号

责任编辑: 张龙卿
封面设计: 马骏宇 徐日强
责任校对: 赵琳爽
责任印制: 曹婉颖

出版发行: 清华大学出版社
网　　址: https://www.tup.com.cn,https://www.wqxuetang.com
地　　址: 北京清华大学学研大厦 A 座　　**邮　　编:** 100084
社 总 机: 010-83470000　　**邮　　购:** 010-62786544
投稿与读者服务: 010-62776969,c-service@tup.tsinghua.edu.cn
质量反馈: 010-62772015,zhiliang@tup.tsinghua.edu.cn
课件下载: https://www.tup.com.cn,010-83470410
印 装 者: 三河市铭诚印务有限公司
经　　销: 全国新华书店
开　　本: 210mm×285mm　　**印　　张:** 7.25　　**字　　数:** 205 千字
版　　次: 2022 年 3 月第 1 版　　**印　　次:** 2024 年 8 月第 4 次印刷
定　　价: 69.00 元

产品编号:090059-01

序

手绘艺术历史悠久，最早发源于建筑工程中。早在欧洲文艺复兴时期，米开朗基罗就已在其众多作品中展现出类似的设计风格。人们可以从手绘作品流畅的线条中切身体会到设计师对于方案的完整规划和创意构思，甚至可以激发观者的灵感，使其进行二次创作。因此，手绘艺术可以说是连接设计师与观者之间最直接的一座桥梁，是设计的灵魂，更是创意的源泉。

图画是设计师的语言，手绘效果图成就了设计师的意象表达。设计师结合自身对美的感悟并将其进行解构与重塑，利用画笔展示创意和灵感，以期达到“致广大而尽精微”的思想境界。随着现代科技的发展，平面效果图和设计图的制作手段逐渐增多，但从艺术效果上看，机器制图仍然无法达到手绘所表现的意境。因此，我们更要注重手绘效果图设计表现的学习。

手绘效果图设计表现是环境设计、建筑设计、园林设计及城市规划等专业的必修课。通过学习，学生可以掌握基本的设计表现技法，理解并深化设计内涵，从而提高设计能力。为此，本书从单体到空间表现，从平面设计到景观表现，从室内到室外等不同的角度，分别介绍了利用各类工具表达设计师思想和设计意图的方法。了解并掌握了这些理论知识，再配合贴近实际案例的教学方法，能够促进学生对手绘效果图表现的理解与掌握，并且对其今后的设计创作具有较强的指导意义。对于从事相关专业的设计人员来说，本书可以激发其创作灵感，在空间透视中学会对设计思维进行探索性表达，并寻找出属于自己的艺术风格。

在本书付梓之际，为表欣喜之情，以此为序。

沈阳鲁迅美术学院建筑艺术设计学院

教授

前 言

手绘效果图设计表现是从事设计工作人员必须具备的专业素质，也是设计专业在校生不容忽视的课程。手绘方案设计师是目前市场比较紧缺的岗位，企业在聘用设计人员时，会把员工的方案表现能力摆在重要的位置，它是检验设计师是否受过专业训练的重要方式之一。

为了培养学生成为真正的设计师，本书从实战出发，从基础理论开始讲解，在学生没有基础的情况下也可以学会手绘效果图的设计表现。本书不仅包含了全面的理论知识，更注重实践能力培养，通过不同案例讲述不同效果图的绘制方法和要点，加速提升学生的手绘创造力和表现力。

第一章是基础理论部分，系统讲述手绘效果图设计表现常用的工具、透视原理和马克笔使用的技法，以及手绘效果图设计表现基本表现方法。第二章是室内部分的效果图设计与表现，主要讲述室内陈设设计表现和室内空间设计的表现，从单体到空间，从方案设计到绘制颜色，由易到难，逐层递进。第三章是室外部分效果图设计与表现，主要介绍室外景观设计表现的内容，包括景观的基本要素、景观平面效果图的设计表现与应用，以及建筑效果图的设计表现与应用，同时结合实际案例进行讲解。

本书由沈阳城市建设学院吕从娜、刘思维、刘旭共同编写。全书共分三章，采用理论与实践相结合的方式讲述，在理论部分加入案例，使学生更好地掌握手绘效果图设计表现。本书既汇集了笔者多年的设计实践经验，又是其在高等院校教育工作的研究和总结。

本书在编写过程中还吸取了其他教材好的素材和经验，在这里表示感谢。特别感谢沈阳摆渡仁教育咨询有限公司李虎先生，香港榀森设计有限公司张秭含先生，沈阳业沣装饰设计咨询有限公司洪忠涛先生，沈阳有和景观工程设计有限公司李响先生、邹春雨女士以及校企合作单位丁建秋先生等优秀设计师的大力协助，在此一并表示衷心的感谢。

编 者

2021 年 10 月

目　录

手绘效果图设计表现与应用

第三章　室外效果图的设计表现与应用　68

参考文献　107

手绘效果图设计表现与应用

第一章
效果图的表现基础

手绘效果图是通过手绘的方式绘制出造型，并对其进行分解、重组，创造出新的样式。这种推敲过程是设计创作的本源，也是手绘效果图核心内容的外在表现。手绘效果图的呈现形式与绘制时使用的工具、透视原理的掌握程度及马克笔的熟练运用密切相关，需要通过不断训练来巩固效果图的表现能力。

第一节　手绘常用工具介绍

（1）钢笔：分为普通钢笔和美工笔两种。其中普通钢笔画出的线条挺拔有力，富有弹性；美工笔画出的线条本身具有美感，运用起来更加灵活多变。

（2）绘图笔：粗细型号不等，画出的线条稳而挺。

（3）彩铅：分油性和水溶性两种。水溶性可用水来调和，或与马克笔结合起来用，能表现丰富的色彩关系并进行色彩间的自然过渡，以弥补马克笔颜色层次的不足。

（4）马克笔：分油性和水性两种。有单头和双头之分。油性与水性从色彩感觉和使用上都有所不同。

油性马克笔用甲苯稀释，有较强的渗透力，既可在硫酸纸正面作画，也可在硫酸纸反面上色，这样不仅不影响正面的线条，而且从正面看上去色彩更为自然、和谐。其缺点是色料不太稳定，曝于自然光下会褪色，但运用时手感较好。

水性马克笔的颜料可溶于水。其缺点是水性马克笔易伤纸面，色彩会显得灰暗。应根据自己的使用习惯和表现要求合理选择，充分发挥它们的特性。

（5）色粉笔：“粉笔”一词最初是指由富含钙质的海贝鳞片积淀成的石灰石块，其色彩丰富。未燃烧过的粉笔更柔和，颗粒能够渗入纸纹中。其在效果表现中只作辅助工具使用，多用于大面积的渲染和过渡，能起到柔和、调解画面的作用。

（6）修正液：它不仅有修改画面的作用，而且在画面上可用来点绘高光，起到画龙点睛的作用。

（7）软橡皮：质地较为柔软，能擦掉多余的彩铅，可使色彩柔和。

（8）美工刀：用来削铅笔和裁纸。

（9）墨：一般使用防水冲洗的碳素墨水，黑色纯正，不易掉色，作品易保存。

（10）纸：常用的有复印纸、薄型复印纸、新闻纸、色卡纸、硫酸纸、素描纸。

上面提到的部分绘图工具如图 1-1 所示。

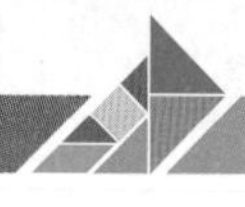

图 1-1　常用工具

第二节　线 的 练 习

线的练习是快速表现的基础。线也是造型艺术中最重要的元素之一，它看似简单，其实千变万化。线条变化包括线的快慢、虚实、轻重、曲直等关系。快速表现主要强调线的美感。线条要画出美感，要有气势，要有生命力。做到这几点并不容易，需要进行大量的练习。在教学过程中要求学生先学会画线，然后再画几何形体。有些初学者开始练习时画得非常小心，怕线画不直。快速表现要求的“直”，是感觉和视觉上的“直”，甚至可以在曲中求“直”，以便最终达到视觉上的平衡。

一、线的性格特征

线是造型的基础，也是重要的造型元素。线条的刚柔可表达物体的软硬，线条的疏密可表达物体的层次，线条的曲直可表达物体的动静，线条的虚实可表达物体的远近，如图 1-2 所示。

二、常用线条分类

常用线的画法分为直线和折线。不同的线，可以表现出不同的纹理和质感。线条的疏密同样也可以表现出空间的明暗关系，如图 1-3 所示。

折线的表现形式有三种，分别是几字形、M 字形和 V 字形，如图 1-4 所示。

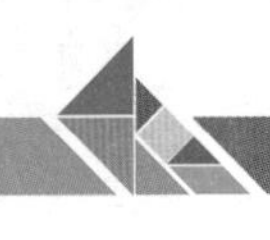

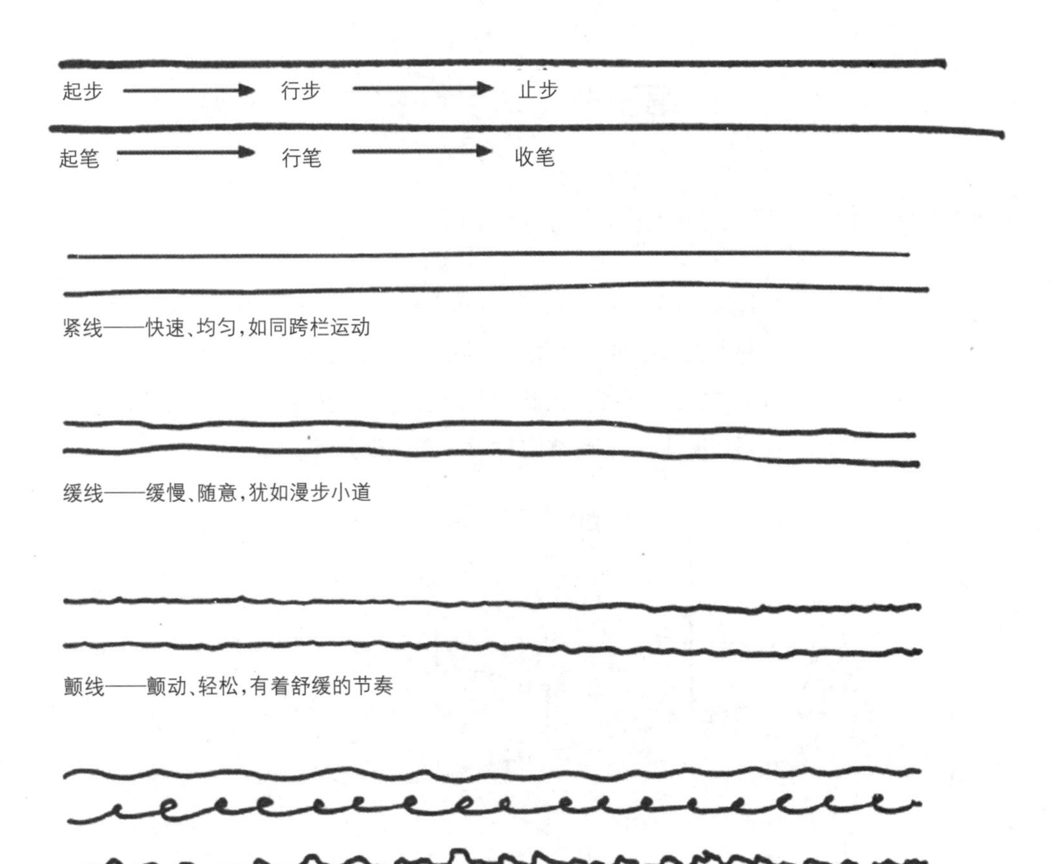

图 1-2　线的特征

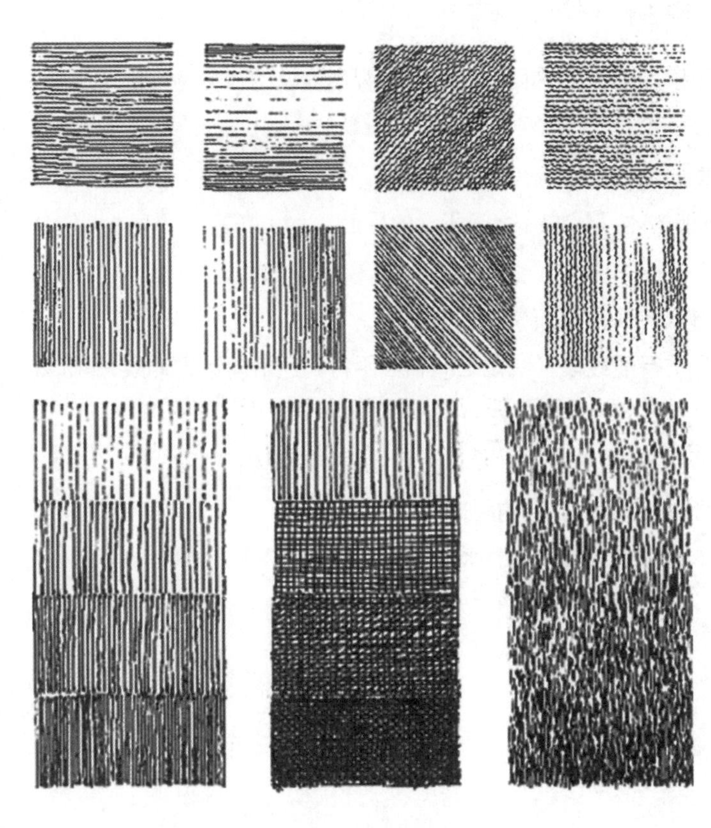

图 1-3　线的特性

(a) 几字形折线

(b) M 字形折线

(c) V 字形折线

图 1-4　折线画法

第三节 透 视

一、透视的基本规律

透视是指视点（眼睛位置）透过透明平面观察（视）物体形状,并将物体描绘在平面上的方法。

透视对于手绘效果图表现来说是非常重要的。如果说“线”是效果图的“骨”,那么“透视”就是效果图的“形”。没有“形”,只有“骨”,空间是“立”不住的,因此又可以说透视是效果图的“灵魂”。

透视的基本名称之间的对应关系如图 1-5 所示,各名称的作用说明如下。

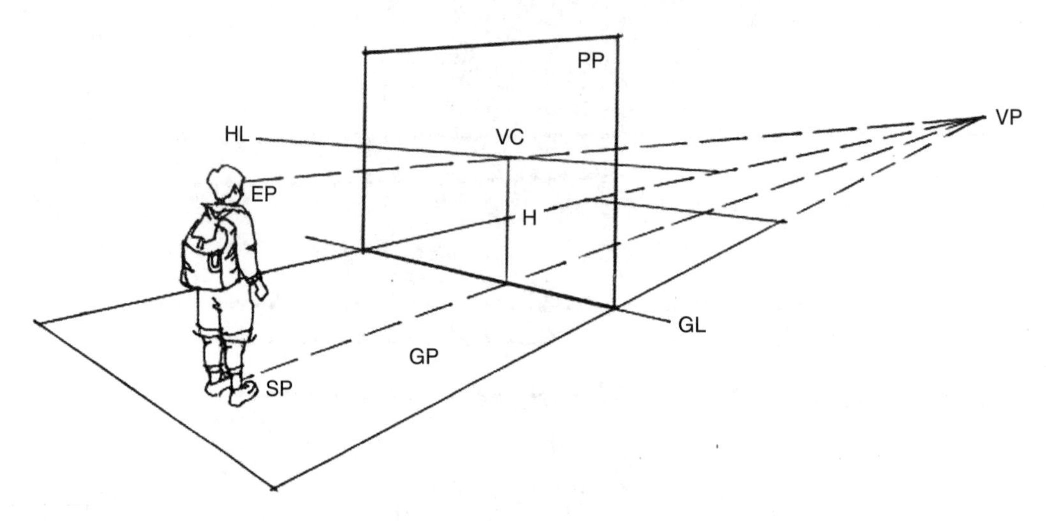

图 1-5 透视的基本名称之间的对应关系

（1）GP（ground plane,基面）：放置物体（观察对象）的平面。基面是透视学假设的作为基准的水平面,在透视学中基面永远处于水平状态。

（2）GL（ground line,基线）：透视画面与放置面的交线。

（3）PP（picture plane,透视画面）：视点与被视物体（景物）之间所设的平面。

（4）EP（eye point,视点）：观者眼睛的位置。

（5）SP（standing point,立点）：视点垂直下方放置面（基面）上的点。

（6）VP（vanishing point,消失点）：与画面不平行的线段（线段之间相互平行）逐渐向远方伸展,越远就会变得越靠近,最后消失在一个点（包括心点、距点、余点、天点、地点）。它也叫灭点。

（7）VC（visual center,视心）：中心视线与画面的垂直交点。它又称为心点、主点、视心点。

（8）H（height,视高）：视点到基面的垂直距离,即视点至立点的距离。

（9）HL（horizon line,视平线）：与视点同高并通过视心点假想的水平线。

二、透视的基本画法——一点透视

形体的一个主要面平行于画面,而其他面的线垂直于画面,并且斜线消失在一个点上所形成的透视,称为一点透视。

优点：一点透视比较适合表现大的场面,纵深感很强。

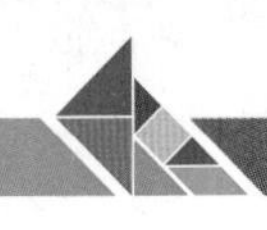

缺点：画面比较呆板，不够活泼。

利用一点透视原理，绘制长为 6000mm、宽为 4000mm、高为 3000mm 的空间网格，如图 1-6 所示。

步骤详解：

(1) 先确定构图，再按比例画出，随后画上单位标记。不过这个“基准面”在纸上的比例非常小（确定基面 ABCD），如图 1-7 所示。

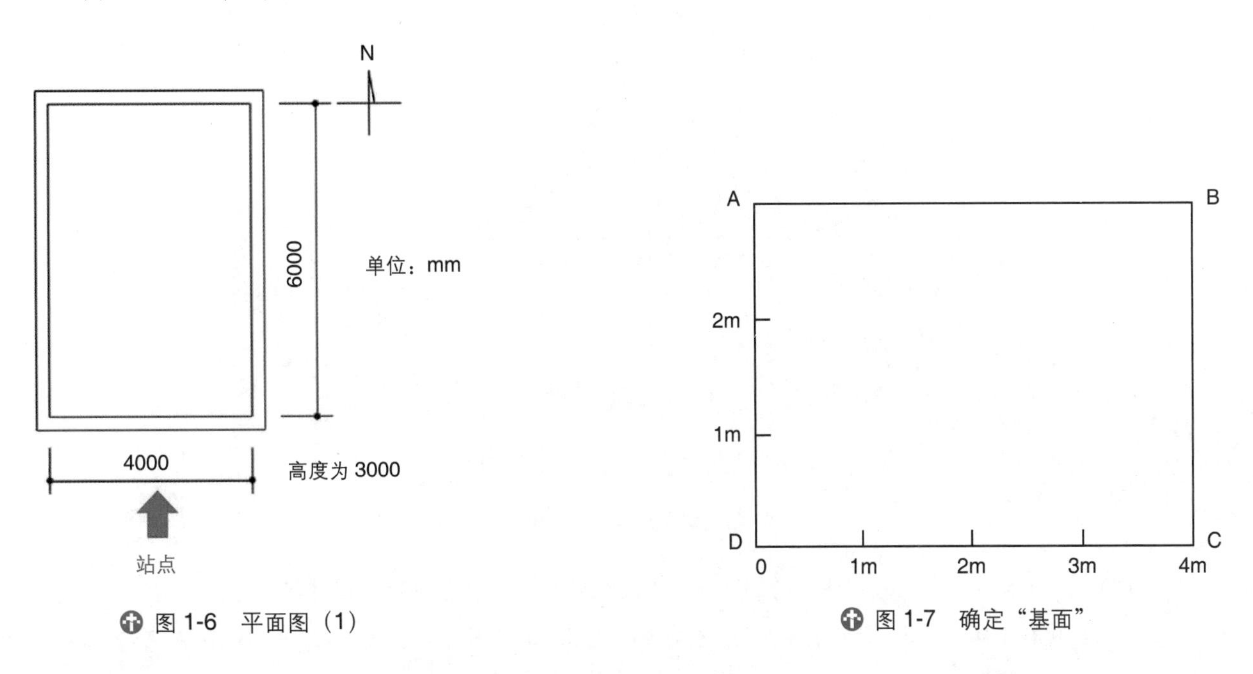

图 1-6　平面图（1）　　图 1-7　确定“基面”

(2) 确定视平线（HL）。一般情况下，是以 1.6m 或 1.7m 作为人的平均身高，这个高度也可以称为“正常视高”。根据实际的情况需要，这个高度可以做相应调整。这里确定为 1.5m。

在 HL 线上确定灭点（VP）。VP 点的位置需要根据实际需要进行左右调整，大致可按 2 ∶ 3 或 1 ∶ 2 的关系确定，如图 1-8 所示。

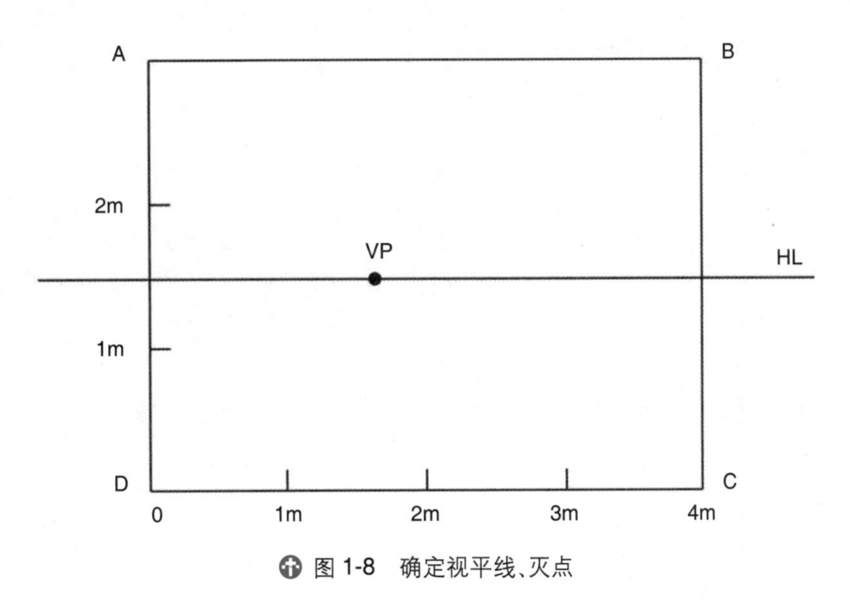

图 1-8　确定视平线、灭点

(3) VP 点引放射线分别穿过 A、B、C、D 四个点，一直延伸到“基准面”外直至接近纸张的边缘，如图 1-9 所示。

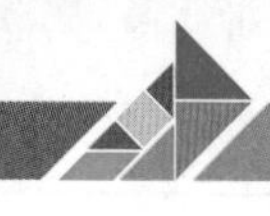

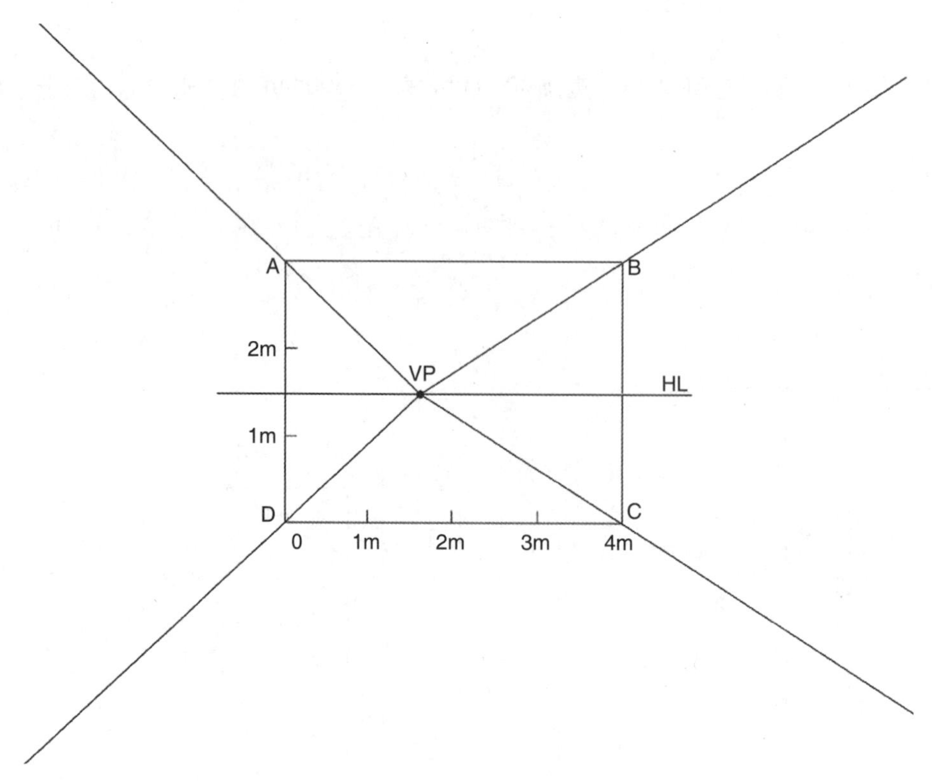

图 1-9　连接灭点

(4) 将DC线延长（方向任意），然后将HL线和DC线都延伸至“基准面”以外的部分，并按照比例在DC线的延长部分上做单位标记（以C点为起点，标记至6m）。在6m以外，接近6m标记的HL线上确定M点，然后由M点分别引线穿DC线延长部分的各单位标记交于Z线，生成交点1、2、3、4、5、6，如图1-10所示。

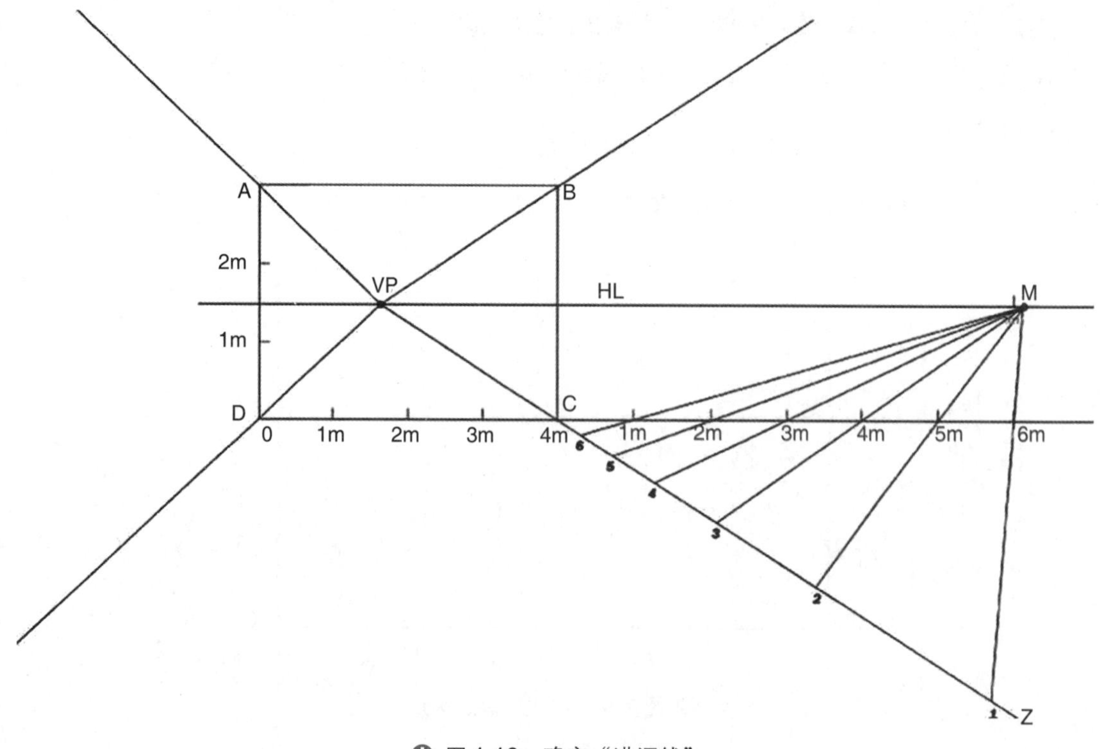

图 1-10　确定“进深线”

(5) 用同样的方法分别引水平线和垂直线，并生成透视框架，如图1-11所示。

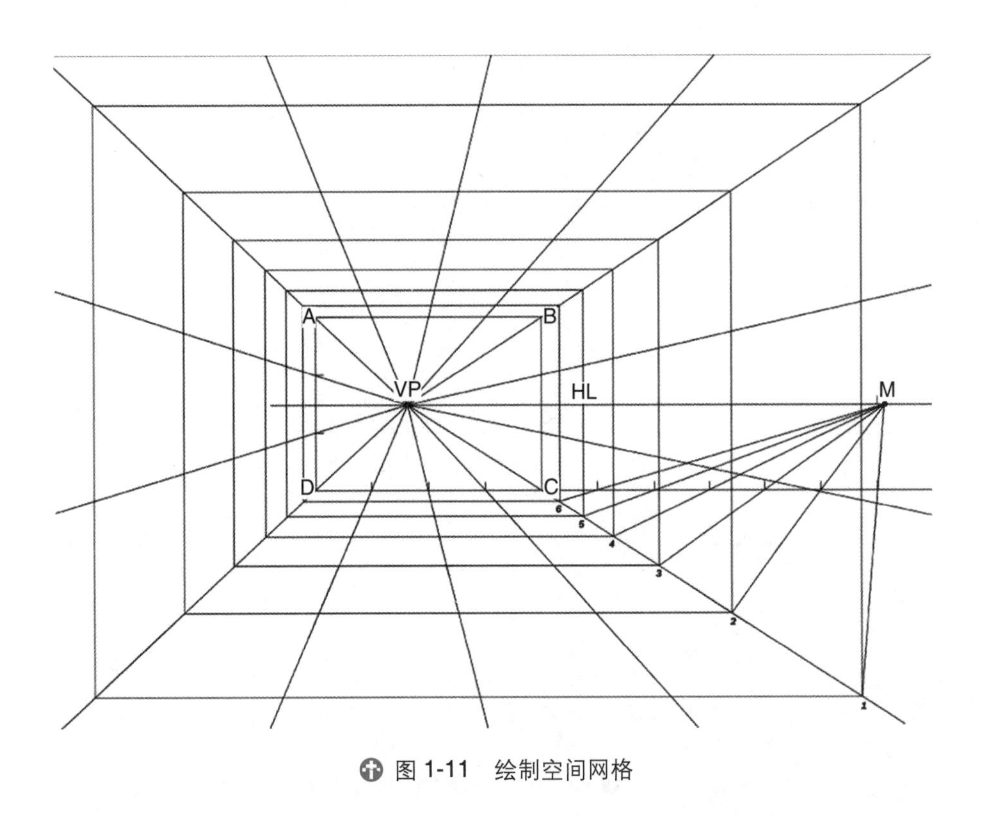

图 1-11　绘制空间网格

三、透视的基本画法——两点透视

当物体只有垂直线平行于画面，而水平线倾斜形成两个消失点时形成的透视，称为两点透视。

优点：两点透视画面效果比较活泼、自由。

缺点：视角选取不准，容易产生变形，不易控制。

利用两点透视原理绘制长 6000mm、宽 4000mm、高 3000mm 的空间网格，如图 1-12 所示。

步骤详解：

(1) 按照实际的比例尺寸确定墙角线 AB。过 AB 作视平线 HL。过 B 点作水平线 GL（辅助线），找到进深和开间的尺寸。在 HL 上任意确定两个消失点 VP_1、VP_2，如图 1-13 所示。

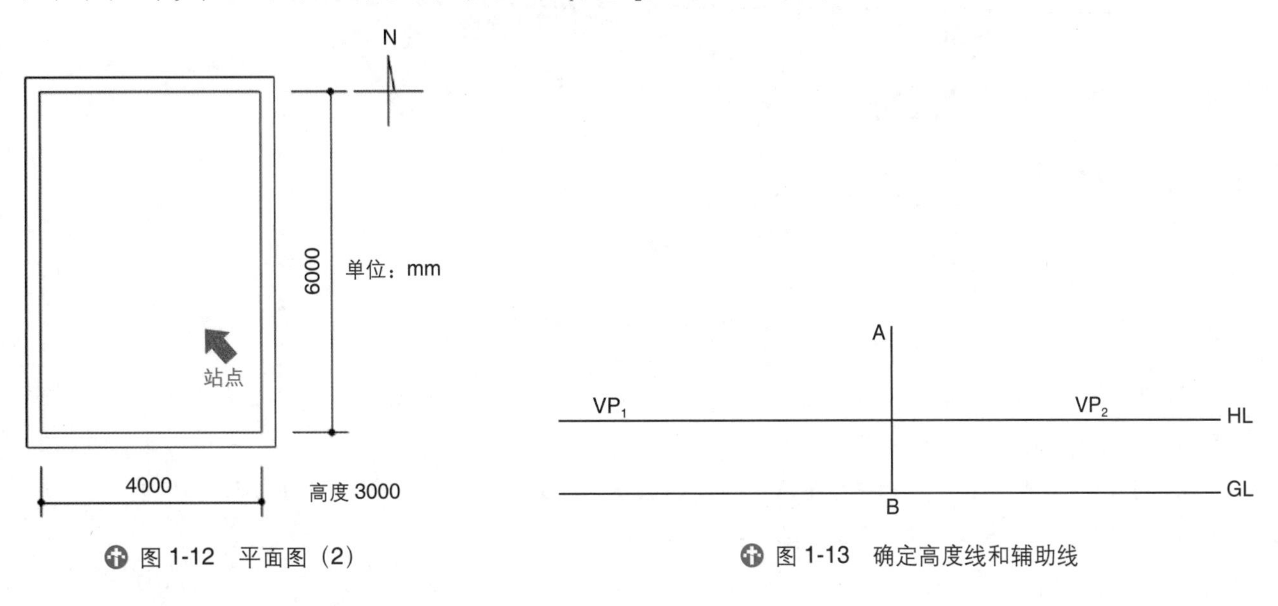

图 1-12　平面图（2）

图 1-13　确定高度线和辅助线

（2）依次连接 VP_1A、VP_1B、VP_2A、VP_2B，求出墙角线，如图 1-14 所示。

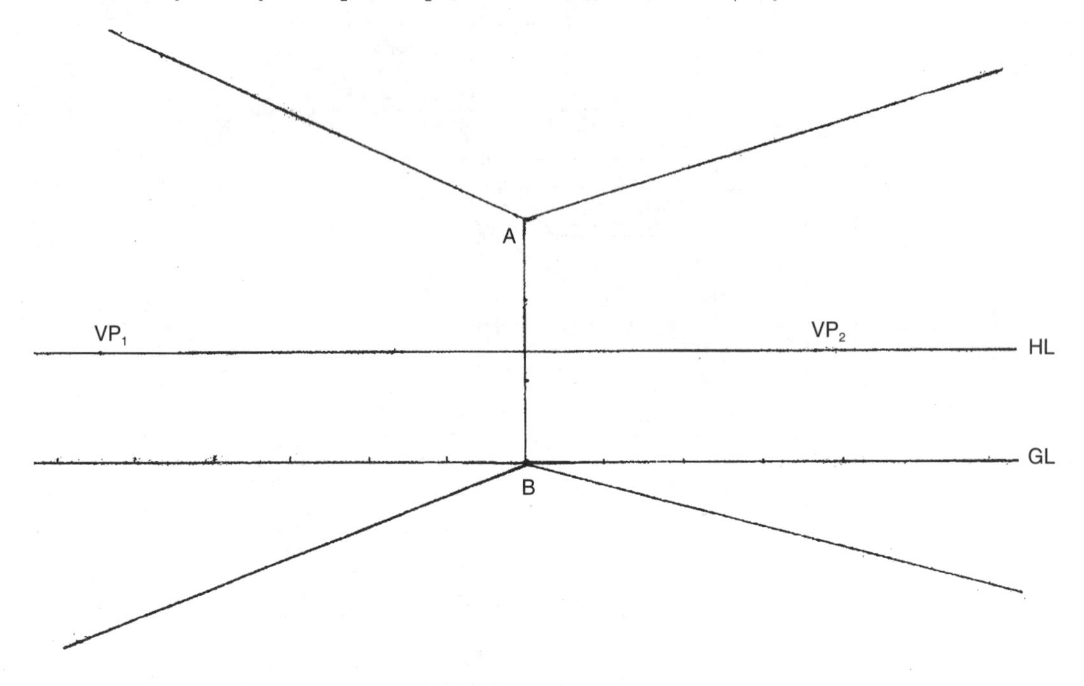

图 1-14　连接墙角线

（3）以 VP_1、VP_2 为直径画圆的下半部，在半圆上确定视点 E。以 E 点为依据，分别以 VP_1、VP_2 为圆心，以 VP_1E、VP_2E 为半径画弧，分别交 HL 于点 M_1、M_2，如图 1-15 所示。

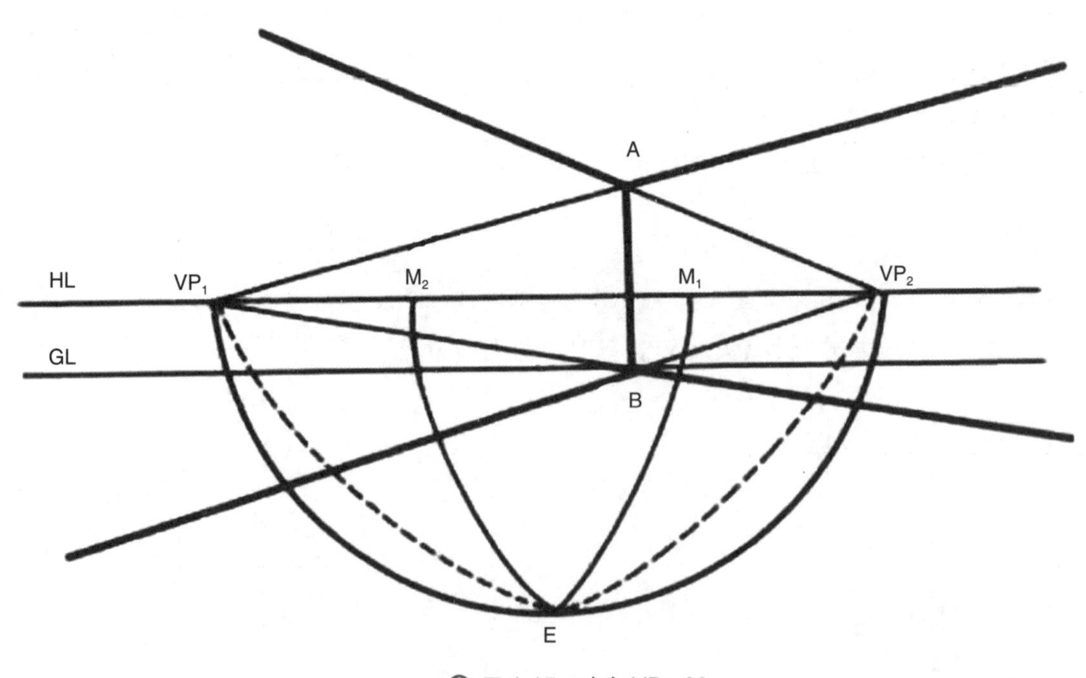

图 1-15　确定 VP、M

（4）在 GL 上刻画出开间和进深所在的位置 4000mm、6000mm。过 M 点分别与 GL 上的尺寸相连，交墙脚线于 1、2、3、4、5、6、7、8，如图 1-16 所示。

（5）过 1、2、3、4、5、6、7、8 作平行于 AB 的垂直线，交于顶面。用求地格的方法求出天格，如图 1-17 所示。

（6）在 AB 上找出相应的高度，求出墙格，如图 1-18 所示。

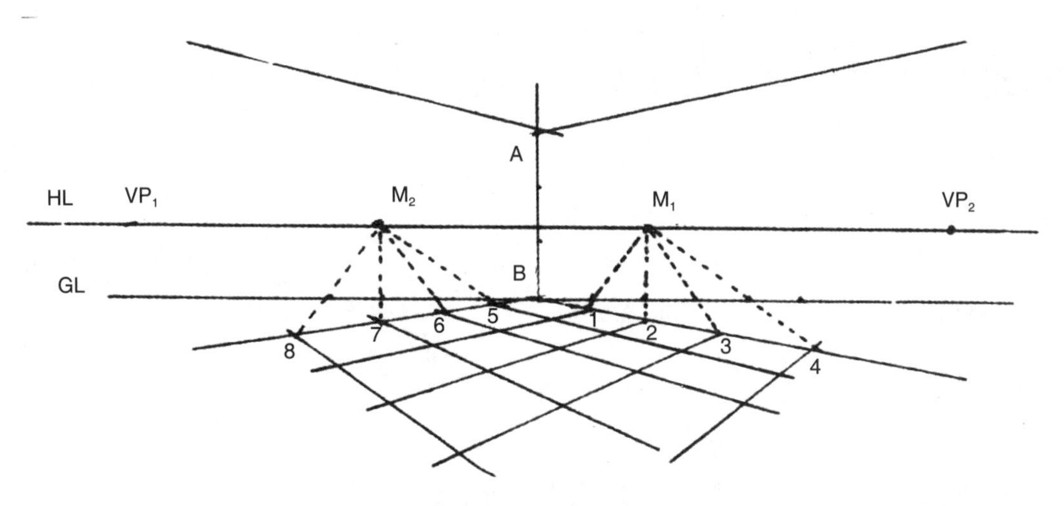

图 1-16　确定地格

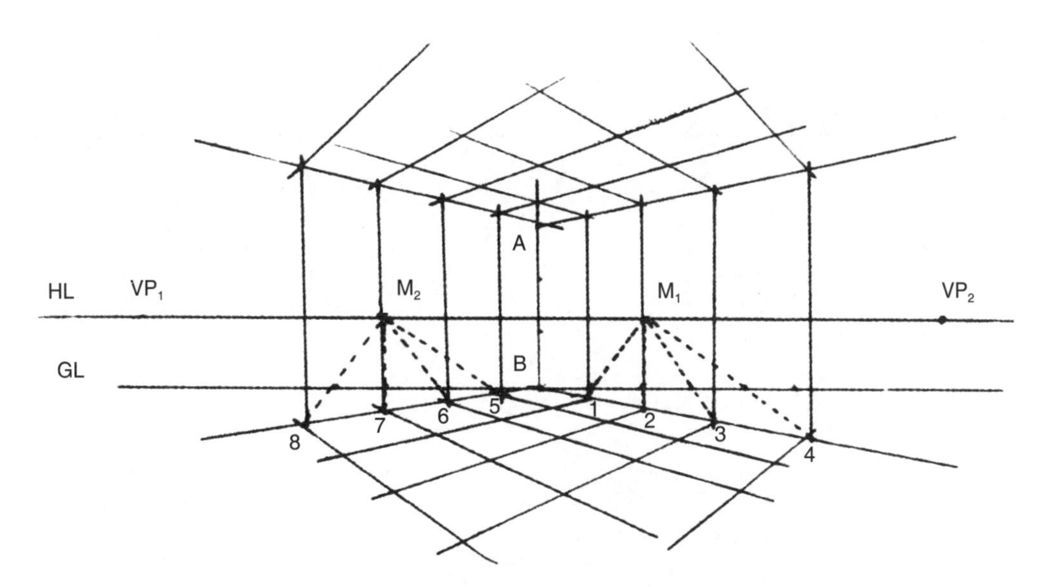

图 1-17　确定天格

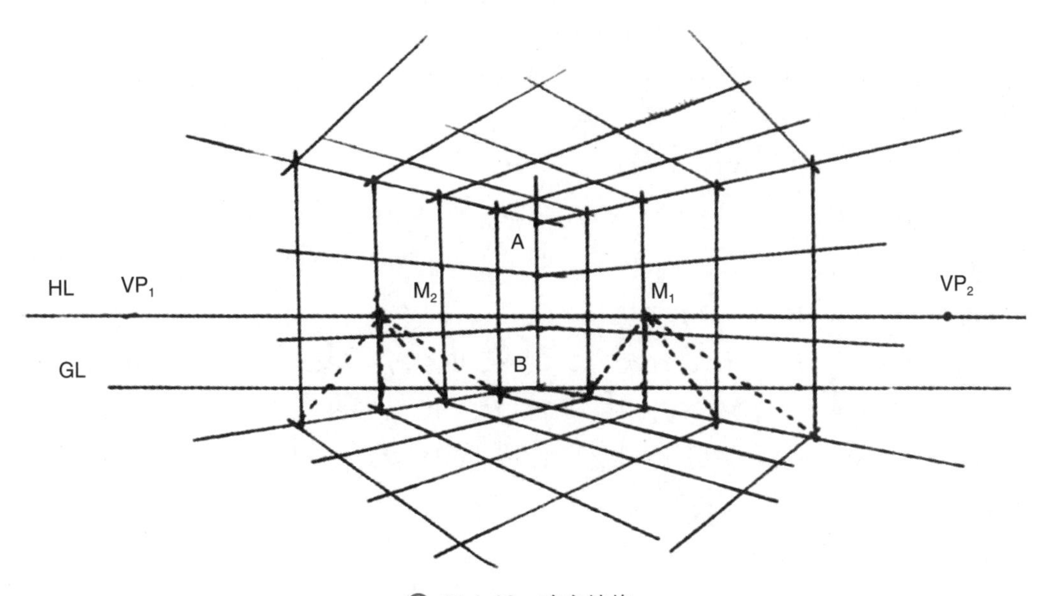

图 1-18　确定墙格

四、透视的基本画法——一点斜透视

人站在地平面上，对着一个墙面时所见的透视为一点透视。而当人正对着墙角线时，见到的透视为两点透视。但当人对着内墙面，视角略有倾斜角度时，此时的透视介于一点透视与两点透视之间，这种透视叫作一点斜透视（或一点成角透视），如图 1-19 所示。

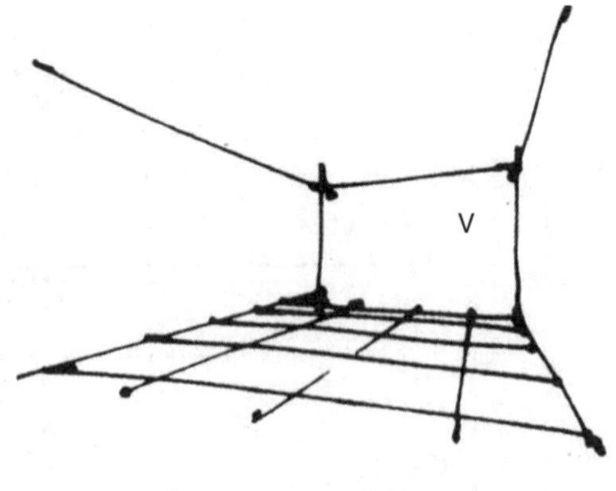

图 1-19　一点斜透视

步骤详解：

（1）根据比例，建立坐标。根据构图需要，建立视平线 HL，确立视心 VC、视点 EP，如图 1-20 所示。

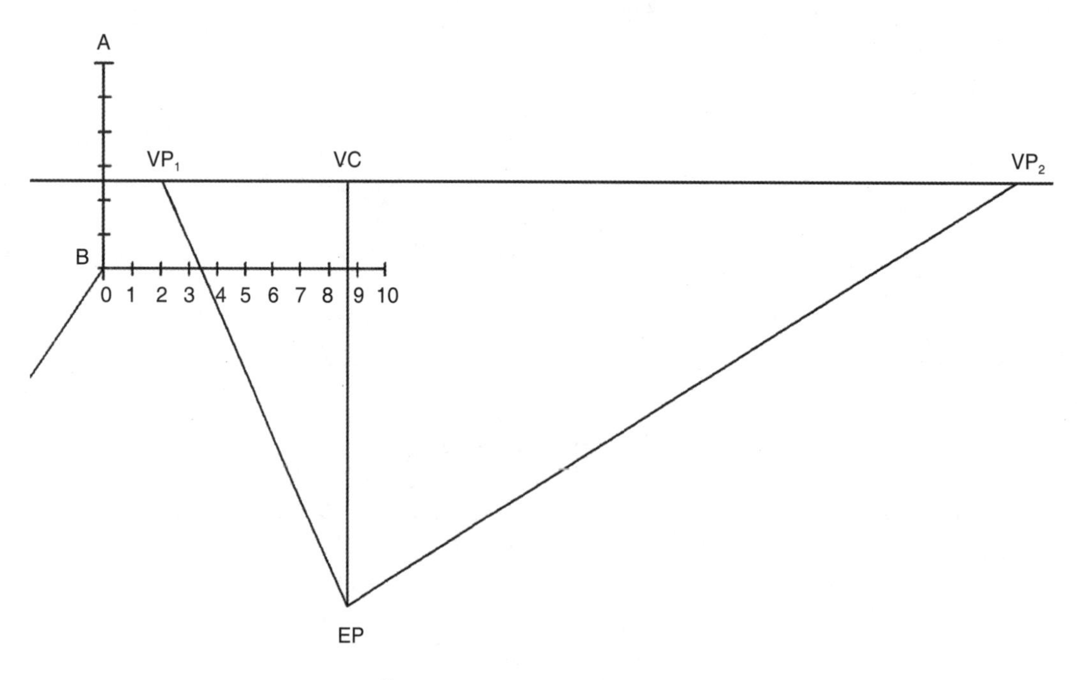

图 1-20　确定 HL、VC、EP

（2）确立 VP_1 、VP_2，以 VP_1 为圆心，VP_1 到 EP 的距离为半径作弧，交 HL 于 M_1。以 VP_2 为圆心并以 VP_2 到 EP 的距离为半径作弧，交 HL 于 M_2。点 M_1、M_2 为测点。

（3）分别过点 A、B 与 VP_2 相连。

（4）连接点 M_2 和点 10，交 BVP_2 于点 C，过点 C 作垂直线，交 AVP_2 于点 D。四边形 ABCD 为一个墙面，如图 1-21 所示。

（5）过 VP_1 分别和点 A、B、C、D 相连。

（6）过 C 点作一条平行于 HL 的直线；过点 1、2、3、…、10 分别连接灭点 VP_2，取得点 1′、2′、3′、…、10′，即另一个尺度坐标。根据其中两点的距离，取得横轴坐标 1′～10′。如图 1-22 所示。

（7）过点 M_1 和 M_2，分别和 1′、2′、…、10′，1、2、…、10 相连接，所取得的点分别和灭点 VP_2 和 VP_1 相连，如图 1-20 所示。

（8）根据测点法建立地格，如图 1-23 所示。

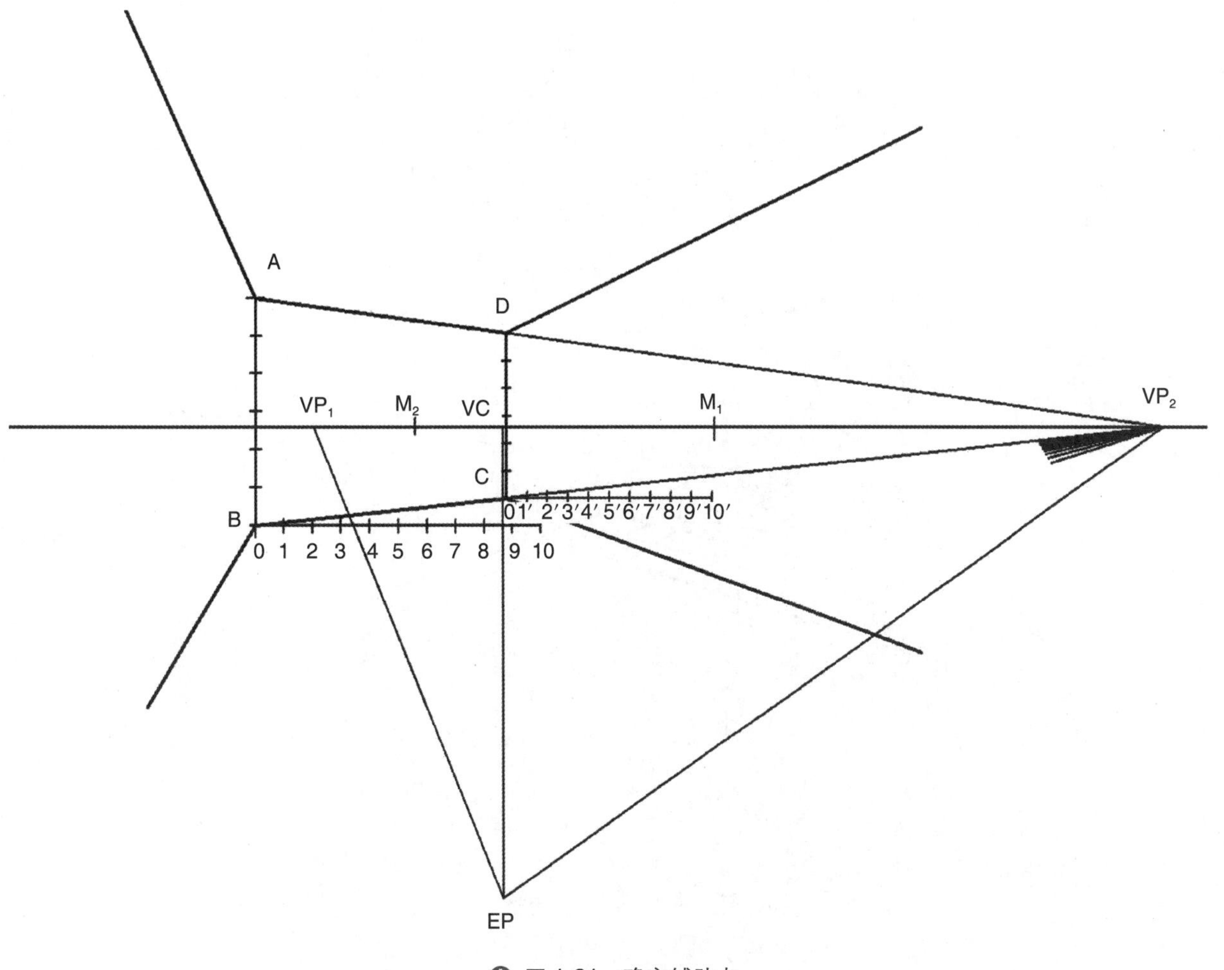

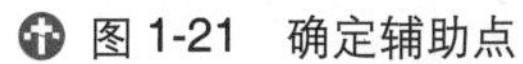
图 1-21　确定辅助点

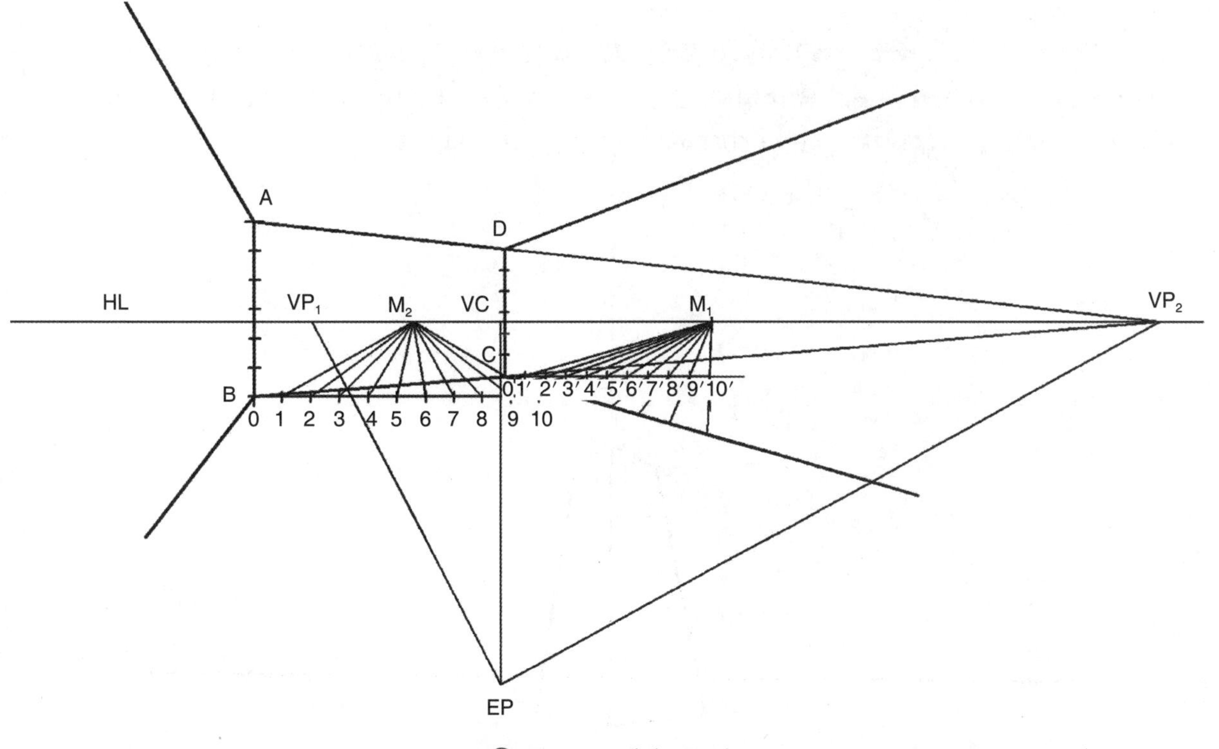

图 1-22　确定透视点

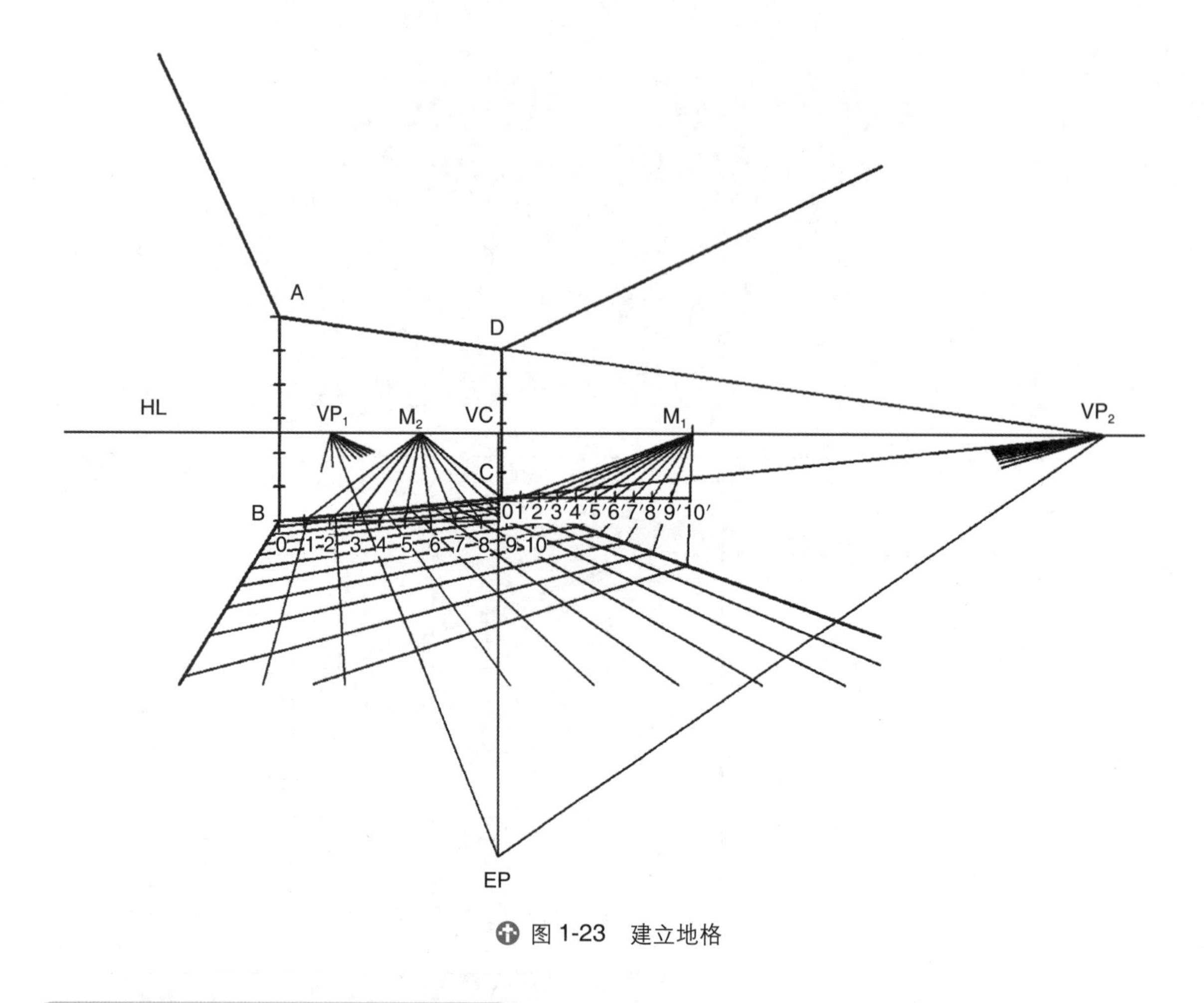

图 1-23 建立地格

五、透视的基本画法——三点透视

三点透视又叫倾斜透视，是各种透视里面视觉冲击力最强的一种透视，一般用于表现高层建筑、俯瞰图、仰视图。三点透视的画面中有三个消失点，两个消失点在视平线上，另外一个消失点在视平线以外。

利用两点透视原理，绘制长、宽、高均为 4000mm 的建筑，如图 1-24 所示。

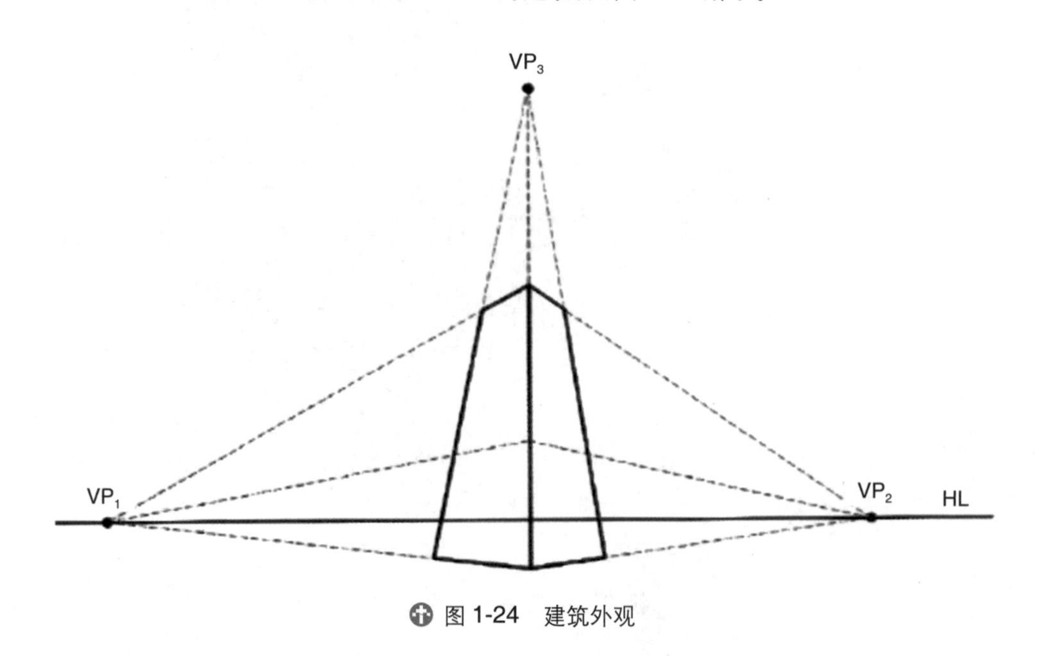

图 1-24 建筑外观

步骤详解：

（1）任意作一条视平线 HL，同时作一条平行于 HL 的辅助线 GL，如图 1-25 所示。

（2）在 GL 辅助线上确定点 A，在点 A 的左右两侧分别找到 1、2、3、…、8 点，如图 1-26 所示。

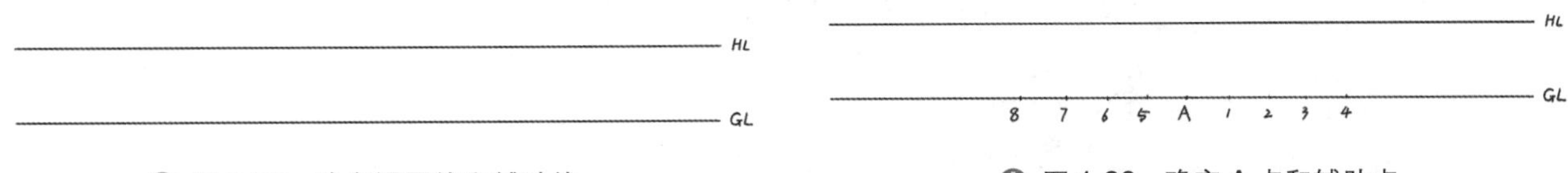

图 1-25　确定视平线和辅助线　　图 1-26　确定 A 点和辅助点

（3）在视平线 HL 上任意确定两个消失点 VP_1、VP_2。找到 VP_1 和 VP_2 的中点 O，过点 O 作一条垂直线。以点 O 为圆心，O、VP_1 为半径画圆，交 O 点的垂直线于点 E，如图 1-27 所示。

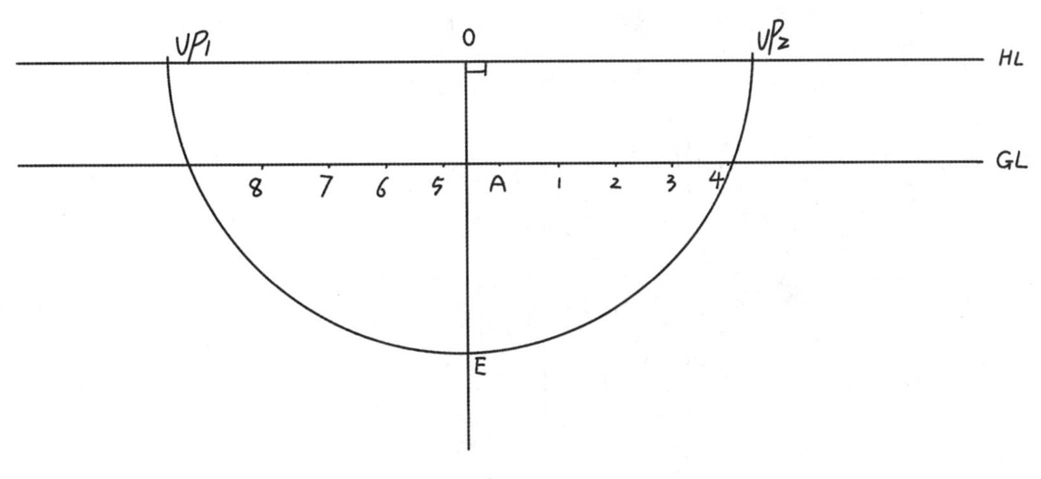

图 1-27　确定 VP 和 E

（4）以 VP_1、VP_2 为直径画圆的下半部，并在半圆上确定视点 E。以 E 点为依据，分别以 VP_1、VP_2 为圆心，以 VP_1E、VP_2E 为半径画弧，分别交 HL 于点 M_1、M_2，如图 1-28 所示。

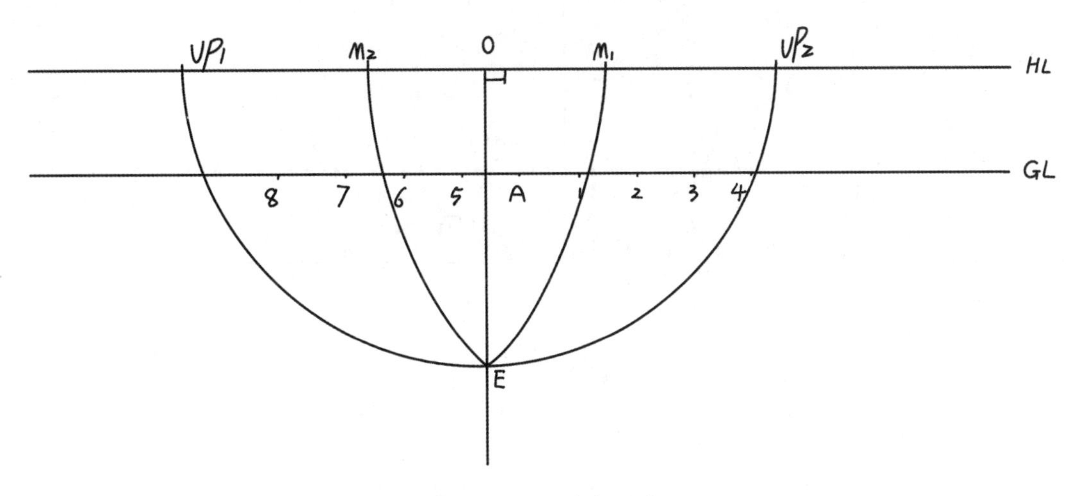

图 1-28　确定 M 点

（5）连接 AVP_1、AVP_2，再将 M_1 和 M_2 分别与 1、2、3、…、8 点连接，交 AVP_2、AVP_1 于 1′、2′、3′、…、8′点，如图 1-29 所示。

（6）过点 A 作一条垂直线，在垂直线上任意确定一点 VP_3；过 VP_3 分别与 4′点和 8′点相连，确定点 B 和点 D 位置。如图 1-30 所示。

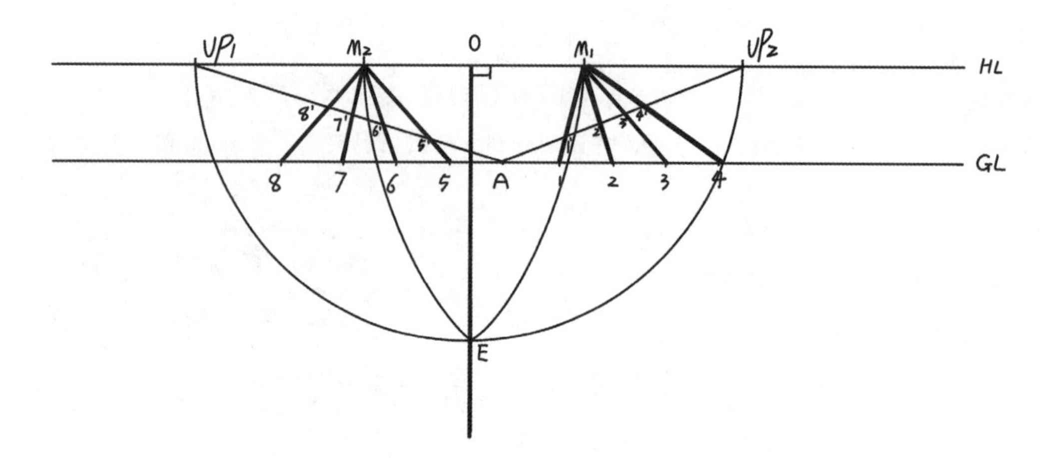

图 1-29　确定透视点

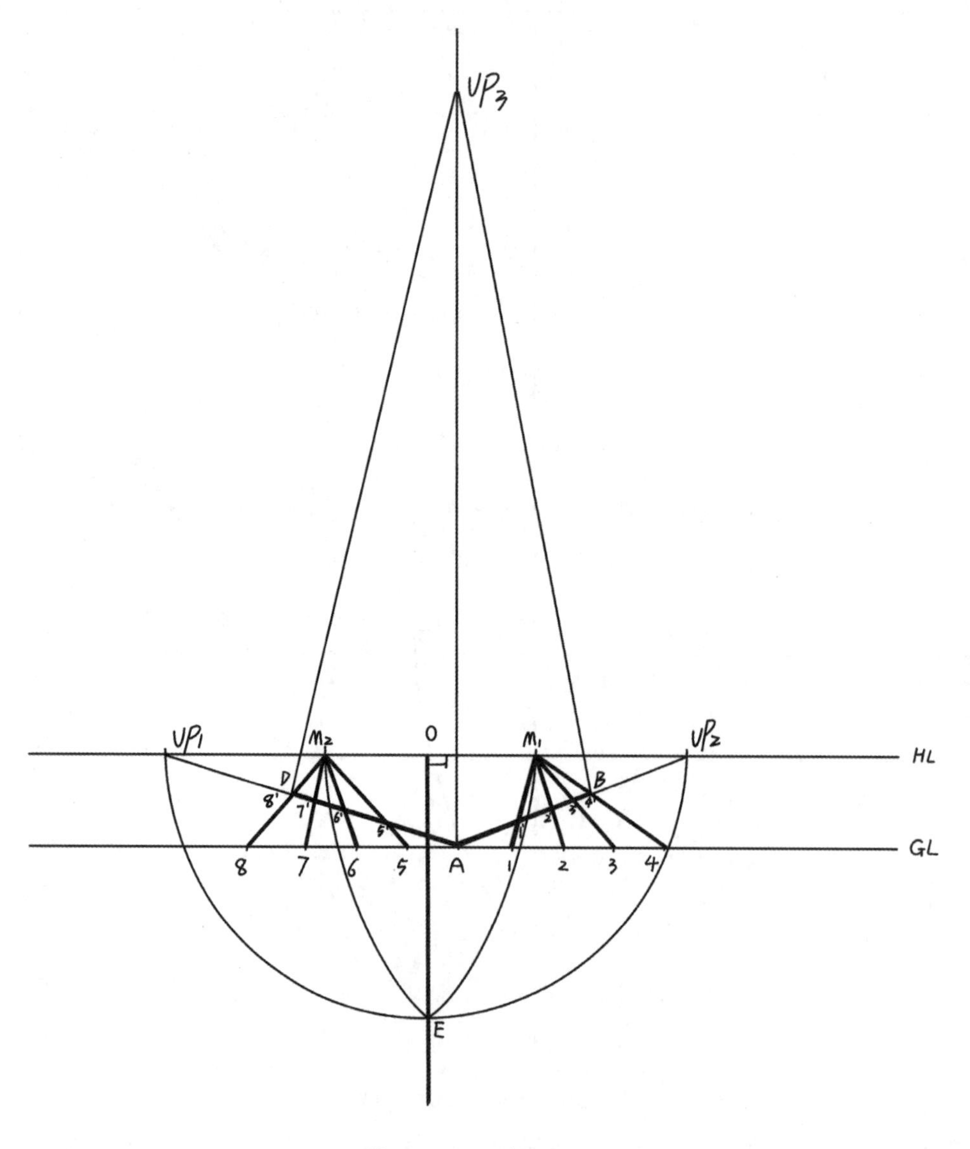

图 1-30　确定 VP_3

(7) 连接 VP_3、VP_1，过点 A 作一条平行于 VP_3VP_1 的直线 L（真高线），如图 1-31 所示。

(8) 在 L 线上确定高度 4000mm，同时过点 VP_2 作一条垂直于 VP_3VP_1 的直线并交于点 H，如图 1-32 所示。

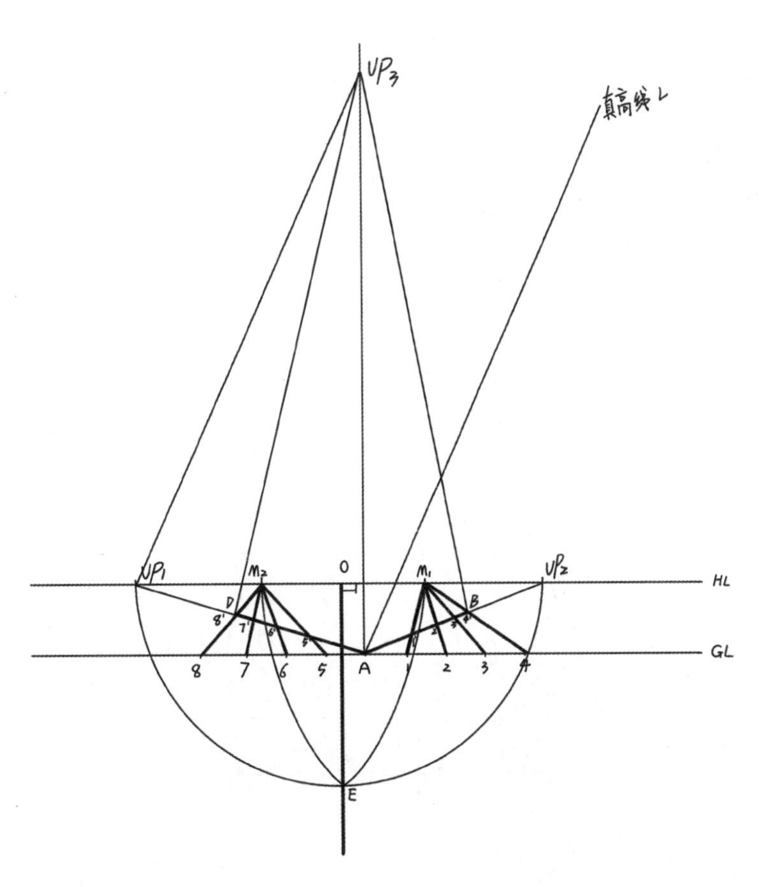

图 1-31　确定真高线

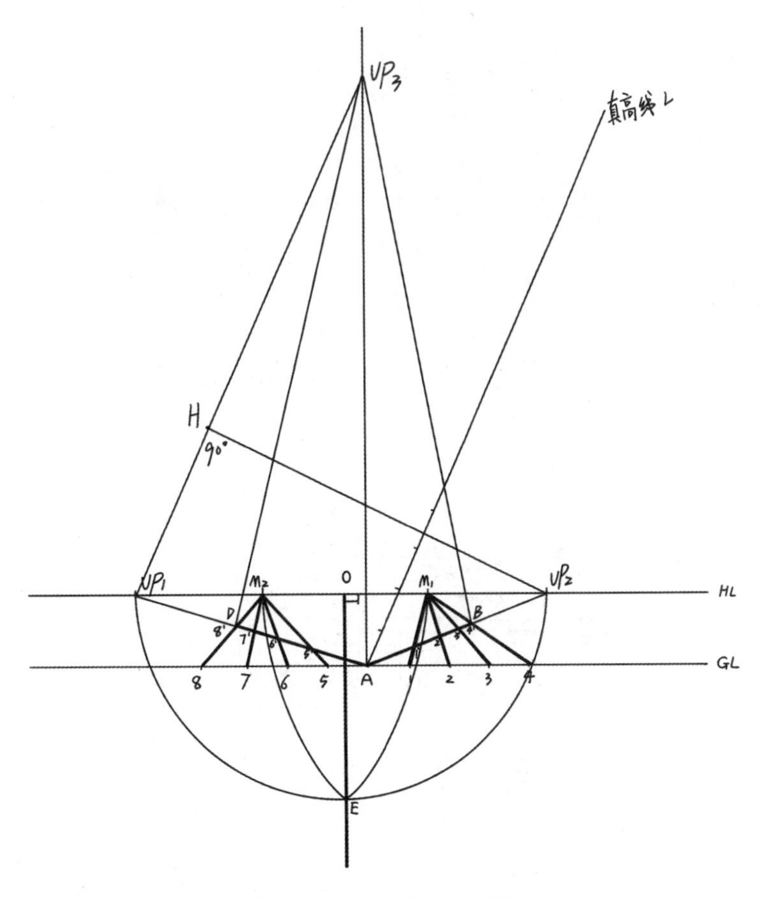

图 1-32　确定高度（1）

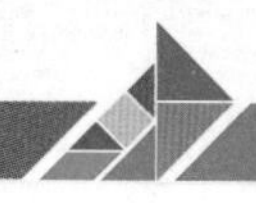

(9) 确定 VP_1VP_3 中点 O′。以点 O′ 为圆心并以 O′ VP_3 为半径画圆弧，交 VP_3B 于点 F；同时以点 VP_3 为圆心、VP_3F 为半径画圆弧，交 VP_1VP_3 于点 M_3，如图 1-33 所示。

(10) 连接 M_3 点与 9、10、11、12 点，交 AVP_3 于点 9′、10′、11′、12′，再确定 A′点，如图 1-34 所示。

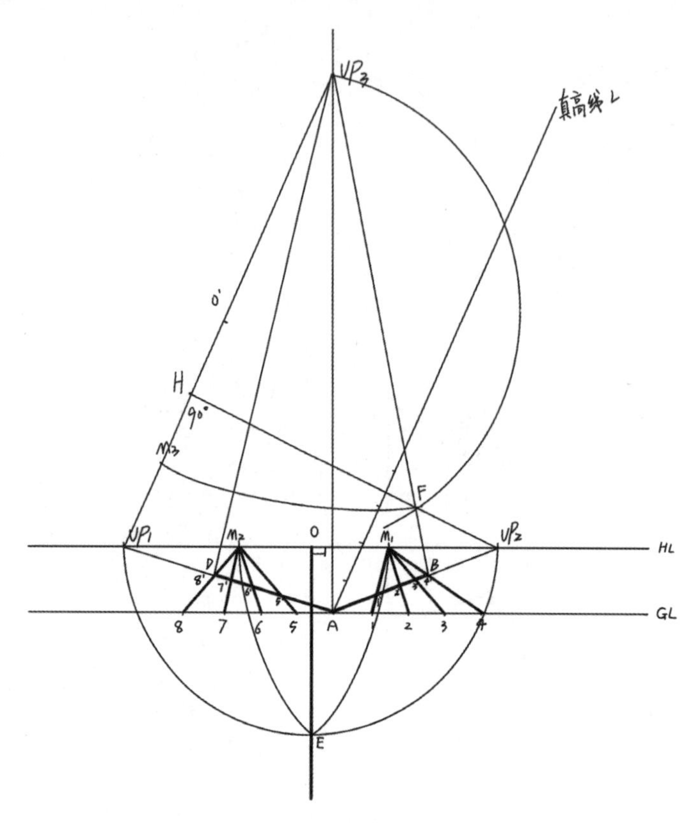

图 1-33 确定 M_3

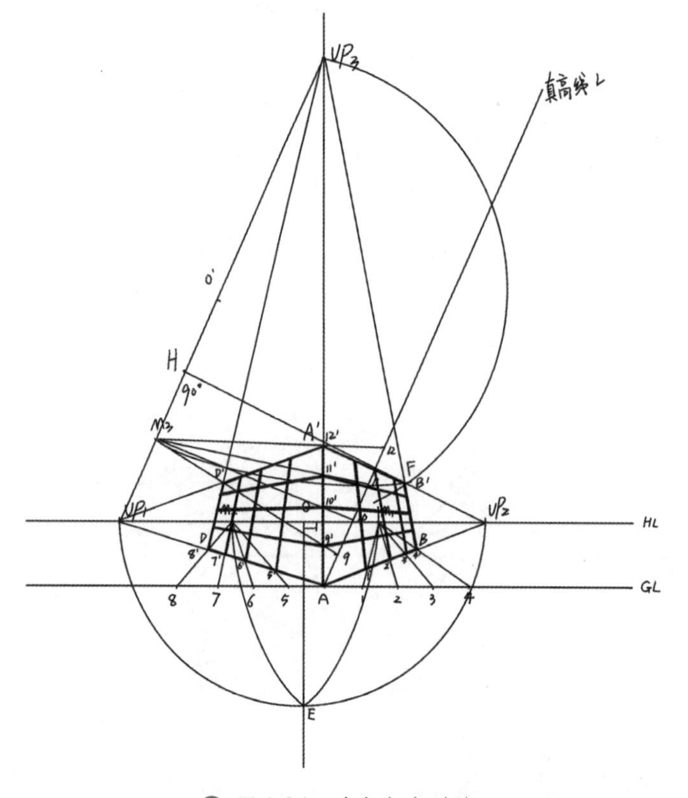

图 1-34 确定高度（2）

(11) 连接 A′ 与 VP_1 和 VP_2 于点 D′、B′，同理，依次连接并得到网格，如图 1-35 所示。

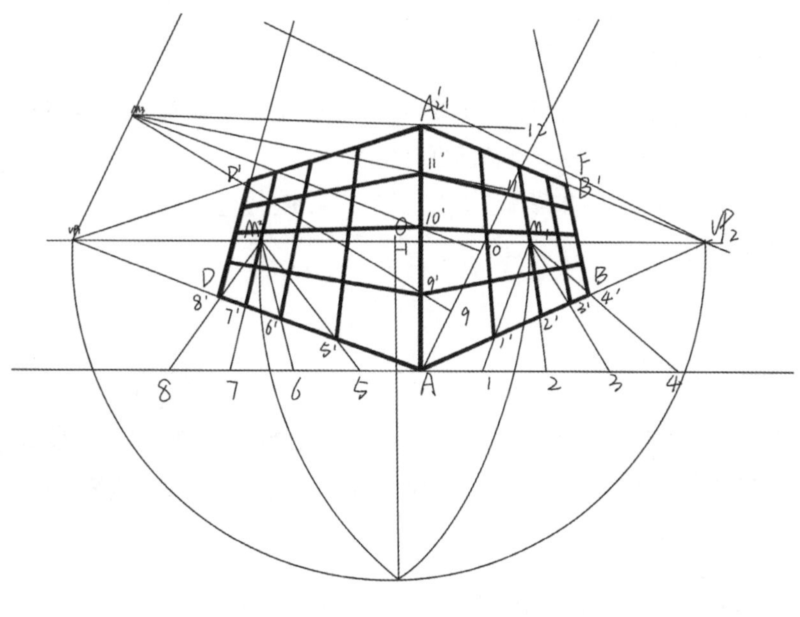

图 1-35　确定网格

第四节　马克笔上色基本技法

一、马克笔的特性

油性马克笔如图 1-36 所示，其特点说明如下。

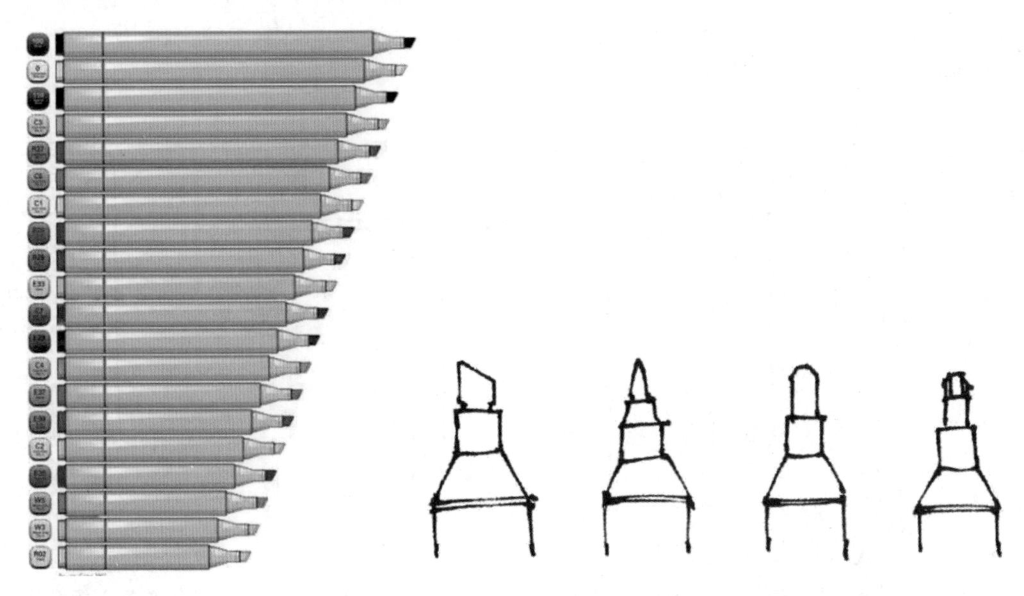

图 1-36　油性马克笔

(1) 硬：马克笔不仅是笔尖硬，笔触也是较硬的。观察笔尖可知，油性马克笔为硬毡头笔尖，并且笔尖为宽扁的斜面。利用这些特点可以画出很多不同的效果。比如，用斜面上色，可画出较宽的面；用笔尖转动上色，可获得丰富的点的效果；用笔根部上色，可得到较细的线条。

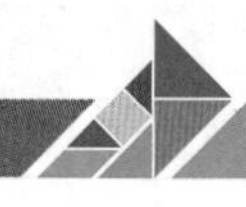

（2）洇：油性马克笔的溶剂为酒精性溶液，极易附着在纸面上。若笔在纸面上停留时间稍长便会洇开一片，并且按笔的力度，会加重阴湿的效果和色彩的明度。而加快运笔的速度，会得到色彩由深到浅的渐变效果。利用这一特性，可以表现物体光影的变化。

（3）色彩可预知性：无论何时使用，马克笔的色泽总会不变，所以当我们通过实验获得较满意的色彩效果时，就可以记下马克笔的型号，以备下次遇到类似问题时使用。

（4）可重复叠色：马克笔虽不能像水彩那样调色，但可在纸面上反复叠色，可以通过对有限的型号色彩的反复叠加来获得较理想的视觉效果。

二、效果图上色注意事项

（1）马克笔绘画步骤与水彩相似，上色时应由浅入深，先刻画物体的暗部，然后逐步调整暗、亮两面的色彩。

（2）马克笔上色以爽快干净为宜，不要反复地涂抹，一般上色不可超过四层色彩。若层次较多，色彩会变得乌钝，失去马克笔上色所应有的效果。

三、马克笔上色技法详解

（1）设计者在主观上促使笔在纸上做有目的的运动时所留下的轨迹即是笔触。

（2）手绘效果图的笔触安排看似容易，画起来却很难，要经过很长时间的磨炼，以及实践经验的积累，才能做到游刃有余。

（3）针对画物体的笔触。按照物体的形体结构、块面的转折关系和走向运笔。如图 1-37（a）所示，物体有一个面是凹进去的，而且是带有圆弧状的，应像该图这样运笔，笔触也应该是带有弧度的。如图 1-37（b）所示，物体的笔触走向是错误的，如果这样画，人们不会认为此物体的这个面是有弧度的。

同样，如图 1-38（a）所示，立方体的各个面都是直的，就不应该画成像图 1-38（b）所示那样有弧度的，否则会使人产生误导。

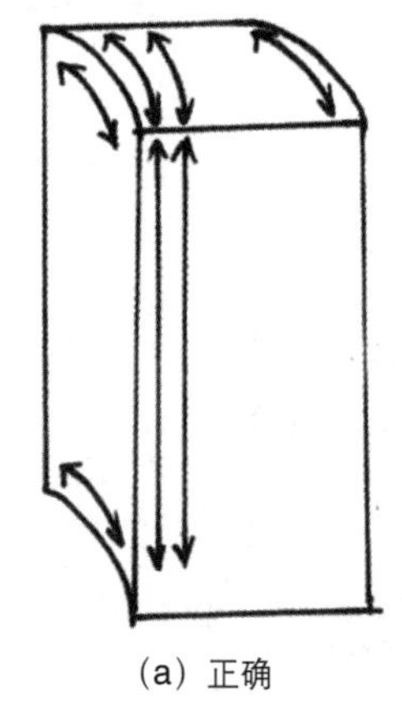
（a）正确

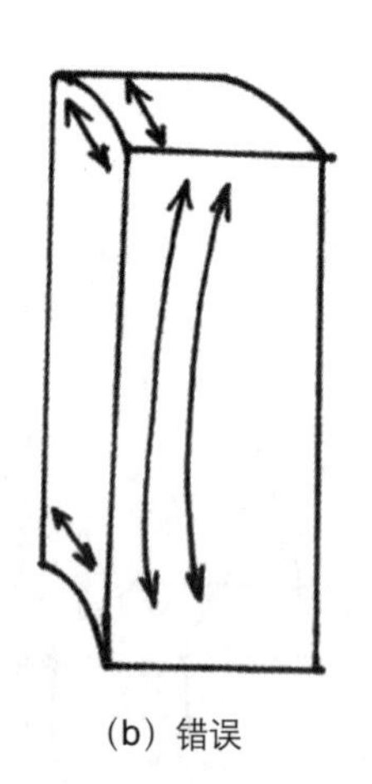
（b）错误

图 1-37　按照形体结构块面的转折关系和走向运笔

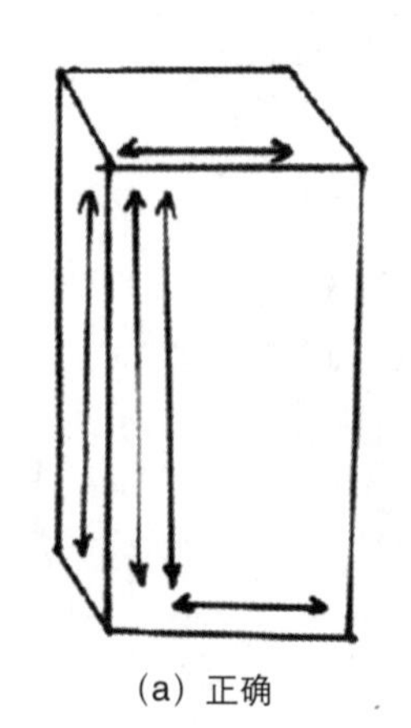
（a）正确

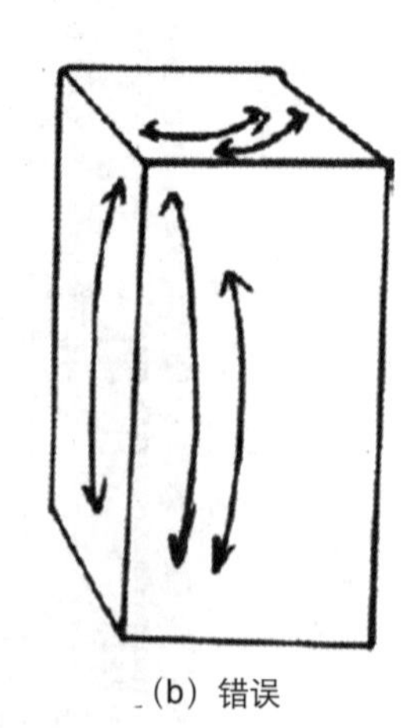
（b）错误

图 1-38　立方体的各个面都是直的

如图 1-39 所示，要表现的是一个球体。球体是有明暗交界线的，交界线所呈现的形状是像图 1-39（a）中那样的弧形笔触，而不是图 1-39（b）中的直线。图 1-39（b）中要表现的应是一个圆面，而不是一个球体。

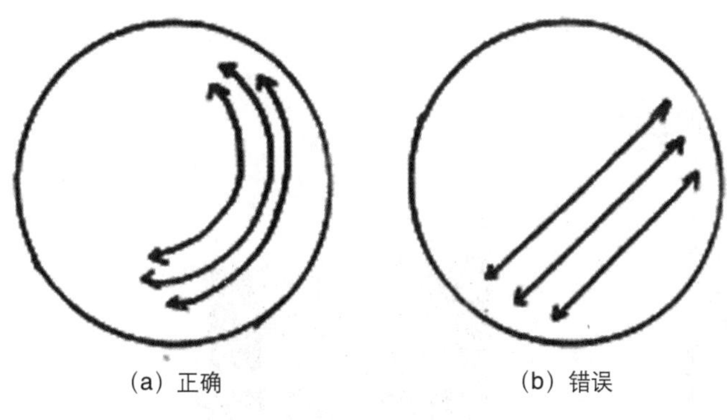

(a) 正确　　(b) 错误

图 1-39　表现的球体

笔触在运用的过程中，应该注意其点、线、面的安排。笔触的长、短、宽、窄组合搭配不要单一，应有变化，否则画面会显得呆板。

(4) 马克笔的基本运用。

① 马克笔排列不必太拘谨，要注意运笔的统一性，如图 1-40 所示。

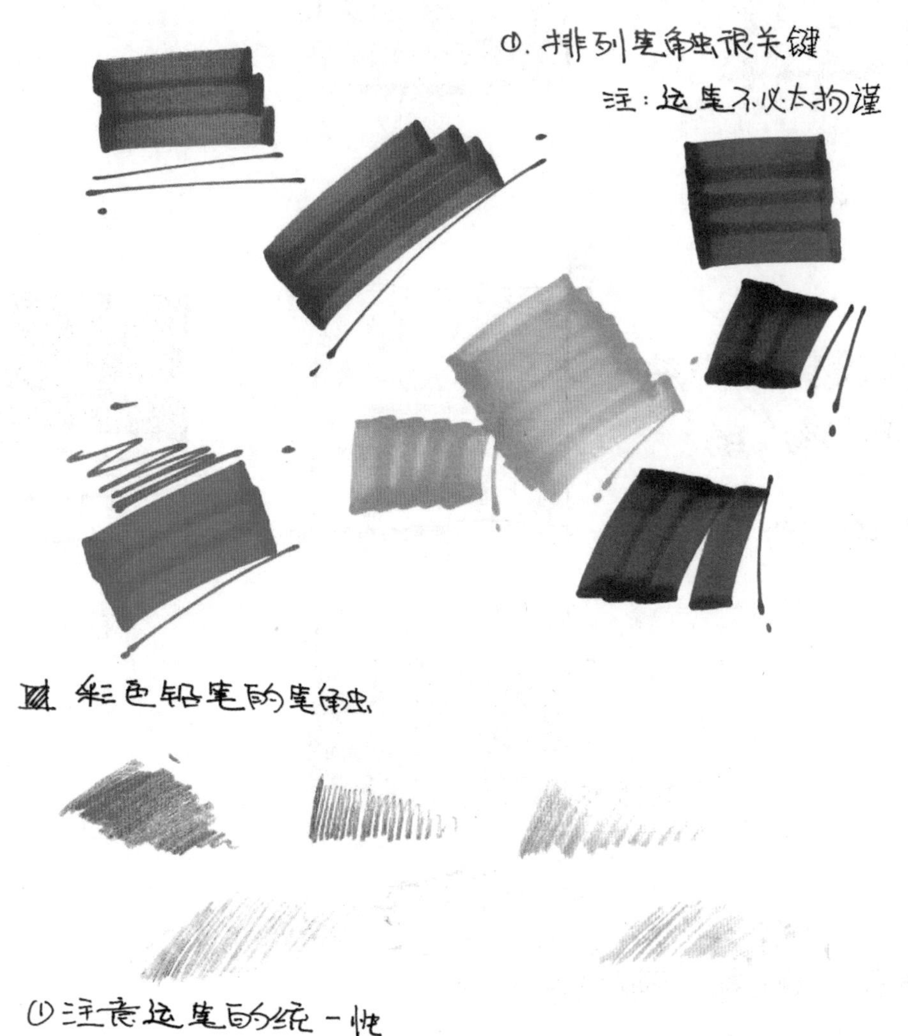

图 1-40　马克笔的排笔

② 马克笔在绘制中不宜过“满”，要注意概念中的“满”和实际中的“满”的区别，如图 1-41 所示。

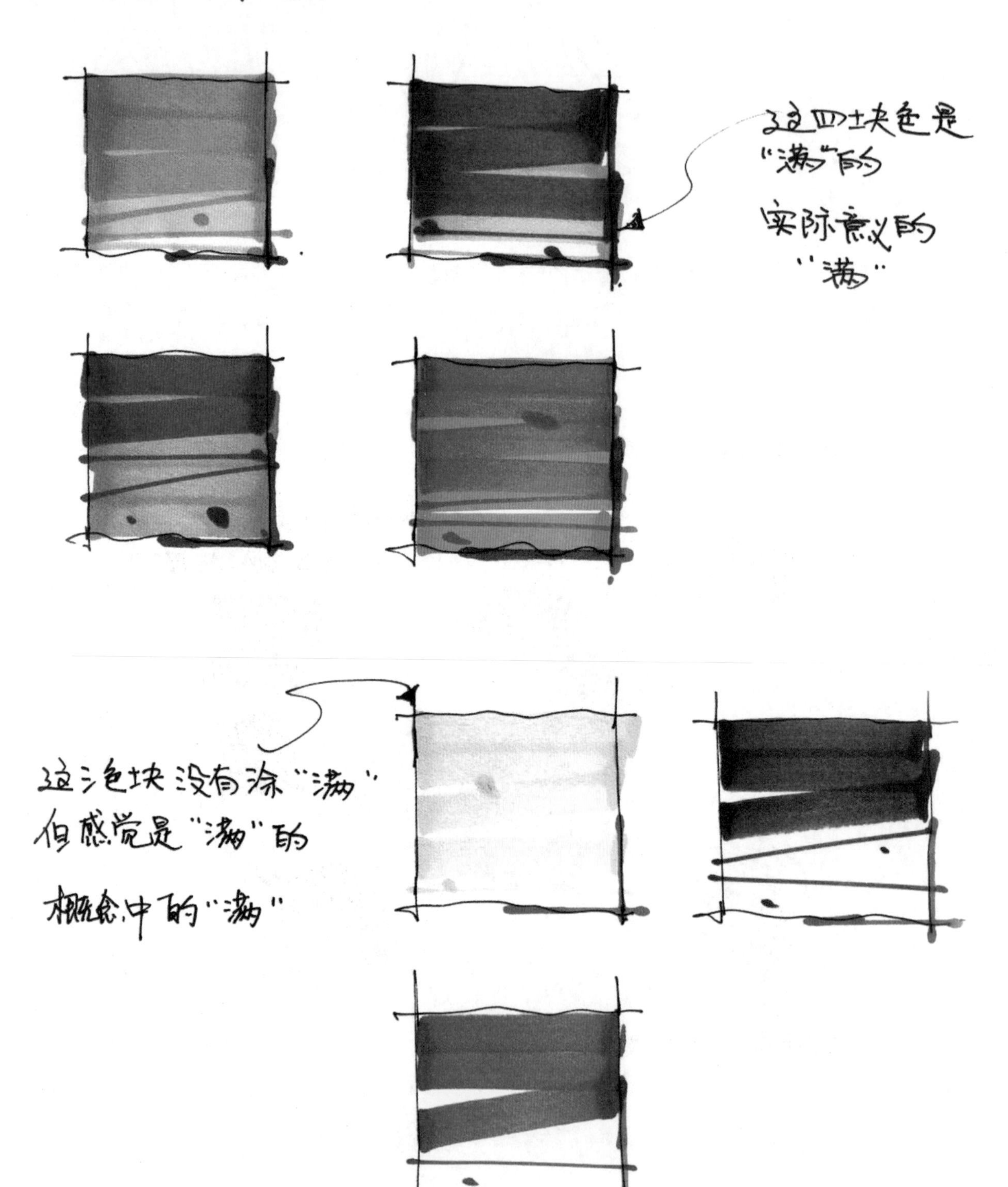

注：留意，这两种"满"的画法

图 1-41　马克笔在绘制中不宜过“满”

③ 马克笔和彩色铅笔的结合使用，通常情况下先上马克笔后上彩色铅笔，如图 1-42 所示。

Ⅳ 马克笔与彩铅的结合运用

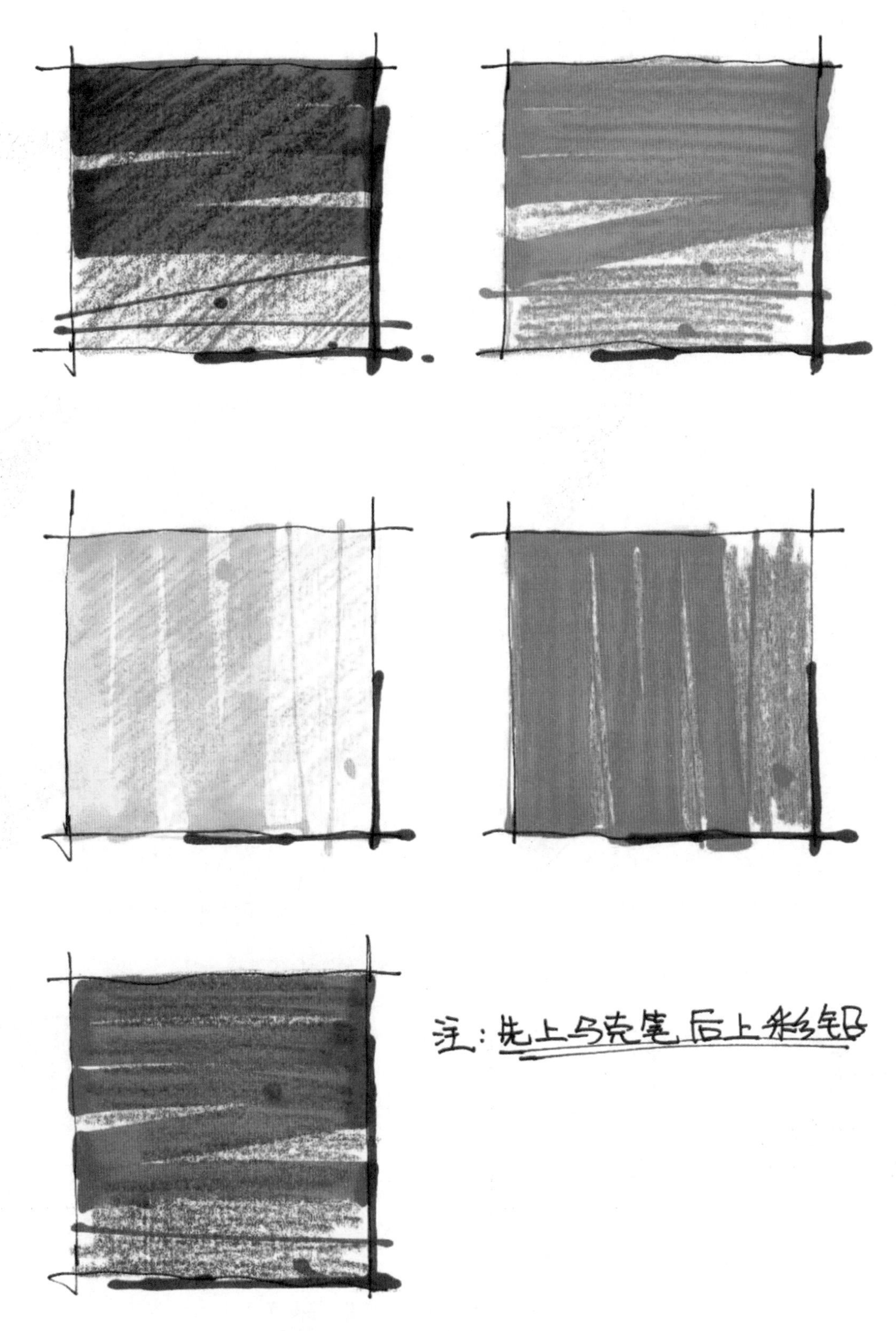

图 1-42　马克笔与彩色铅笔的结合

四、马克笔的运用

（1）马克笔的宽头一般用来大面积地润色，如图 1-43 所示。

（2）宽头线清晰工整，边缘线明显，如图 1-44 所示。

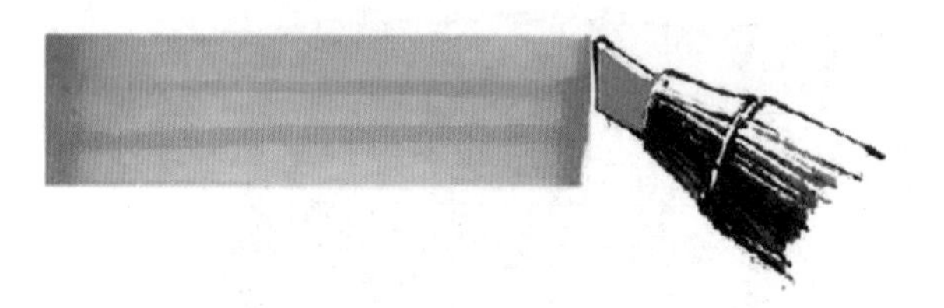

图 1-43　用马克笔的宽头绘制图

图 1-44　马克笔的宽头线清晰工整

（3）细笔头表现细节，能画出很细的线，力度大，线条粗，如图 1-45 所示。

（4）马克笔侧峰可以画出纤细的线条，力度大，线条粗，如图 1-46 所示。

图 1-45　马克笔细笔头表现

图 1-46　马克笔侧峰表现

（5）稍加提笔可以让线条变细，如图 1-47 所示。

（6）提笔稍高，可以让线条变得更细，如图 1-48 所示。

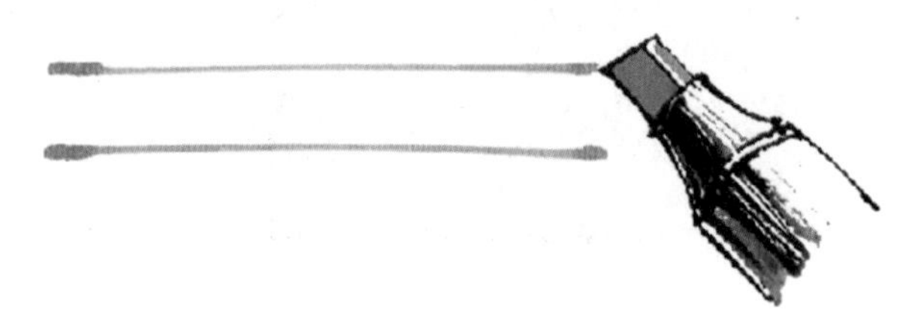

图 1-47　马克笔画法

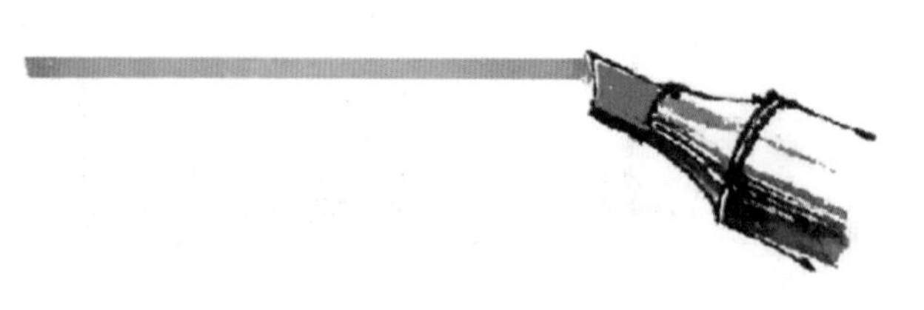

图 1-48　马克笔提笔画法

（7）马克笔的横向与竖向排列线条，块面完整，整体感强烈，如图 1-49 所示。

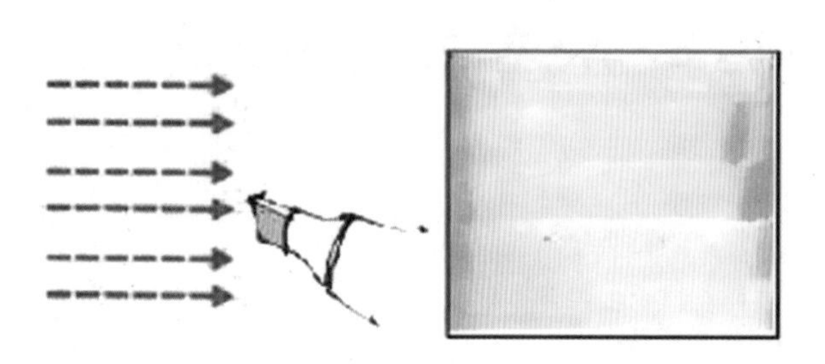

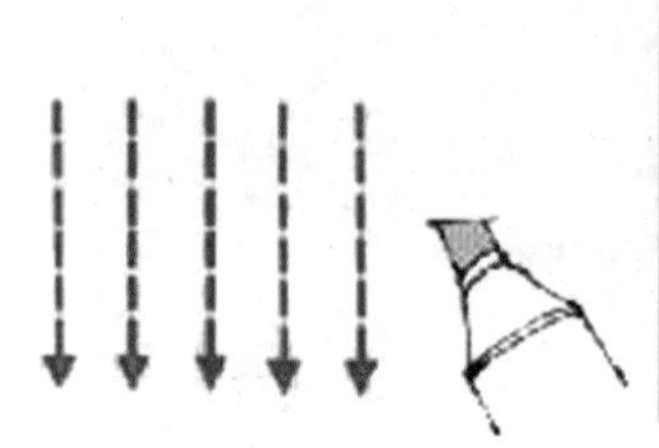

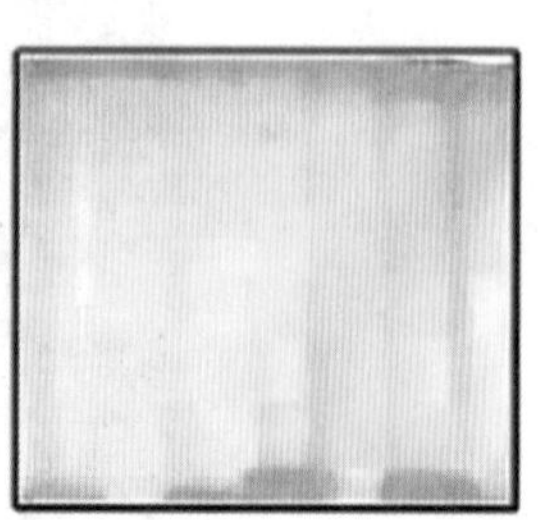

图 1-49　马克笔运用（1）

（8）通过马克笔的横向与竖向排线做渐变，可以产生虚实变化，使画面透气生动，如图 1-50 所示。

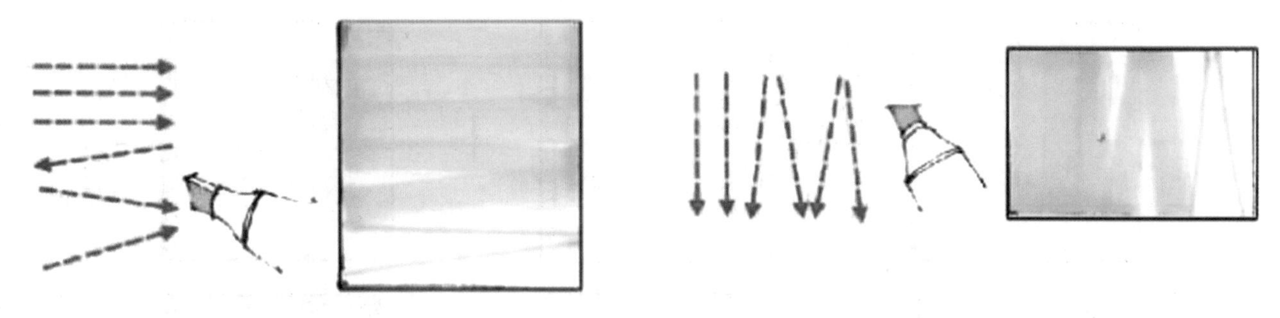

图 1-50 马克笔运用（2）

（9）这种笔触的宽线条利用宽头整齐排线条，过渡时利用宽头侧峰或者细头画细线。运笔一气呵成，流畅连贯，整体块面效果强，如图 1-51 所示。

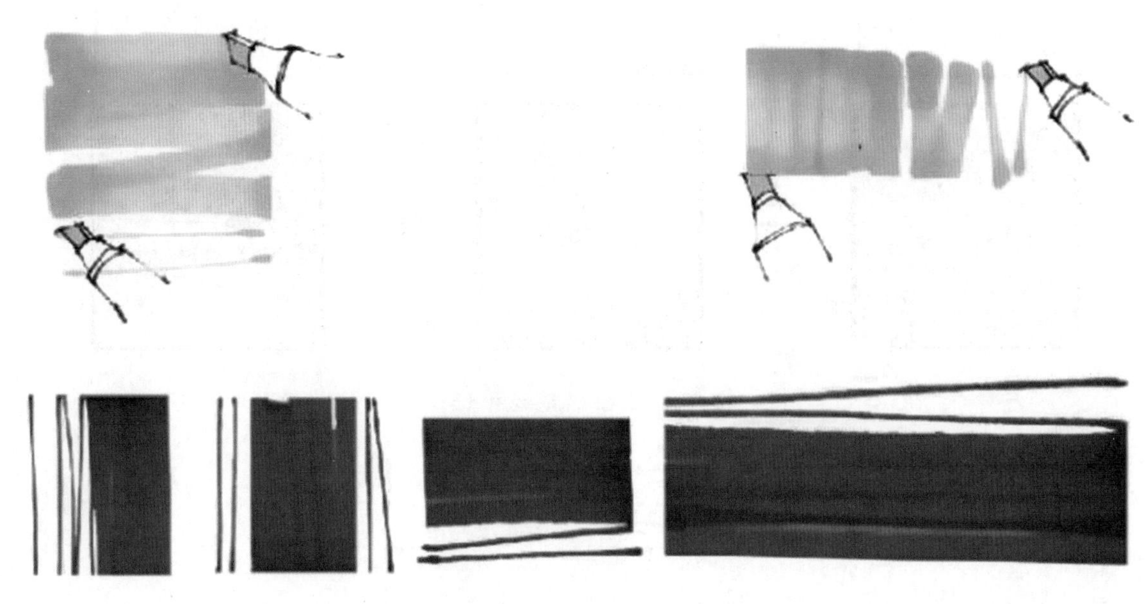

图 1-51 马克笔运用（3）

（10）“叠加排笔”是通过不同深浅色调的笔触叠加，产生丰富的画面色彩，这种笔触过渡清晰。为了体现画面明显的对比效果，体现丰富的笔触，我们常常使用几种颜色叠加，这种叠加在同类色中运用得比较多，如图 1-52 所示。

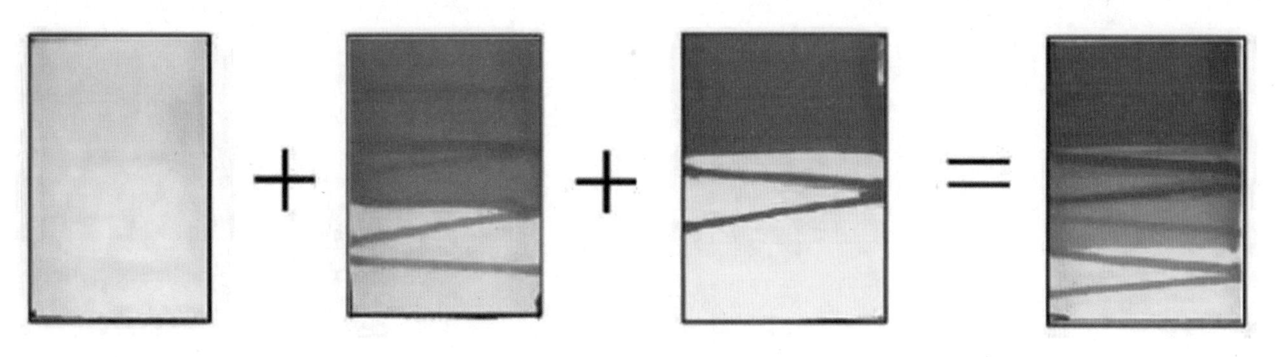

图 1-52 马克笔运用（4）

（11）可以通过不同方向与深浅色调的叠加，尤其是两种颜色的叠加，颜色色阶越接近的叠加过渡越自然，如图 1-53 所示。

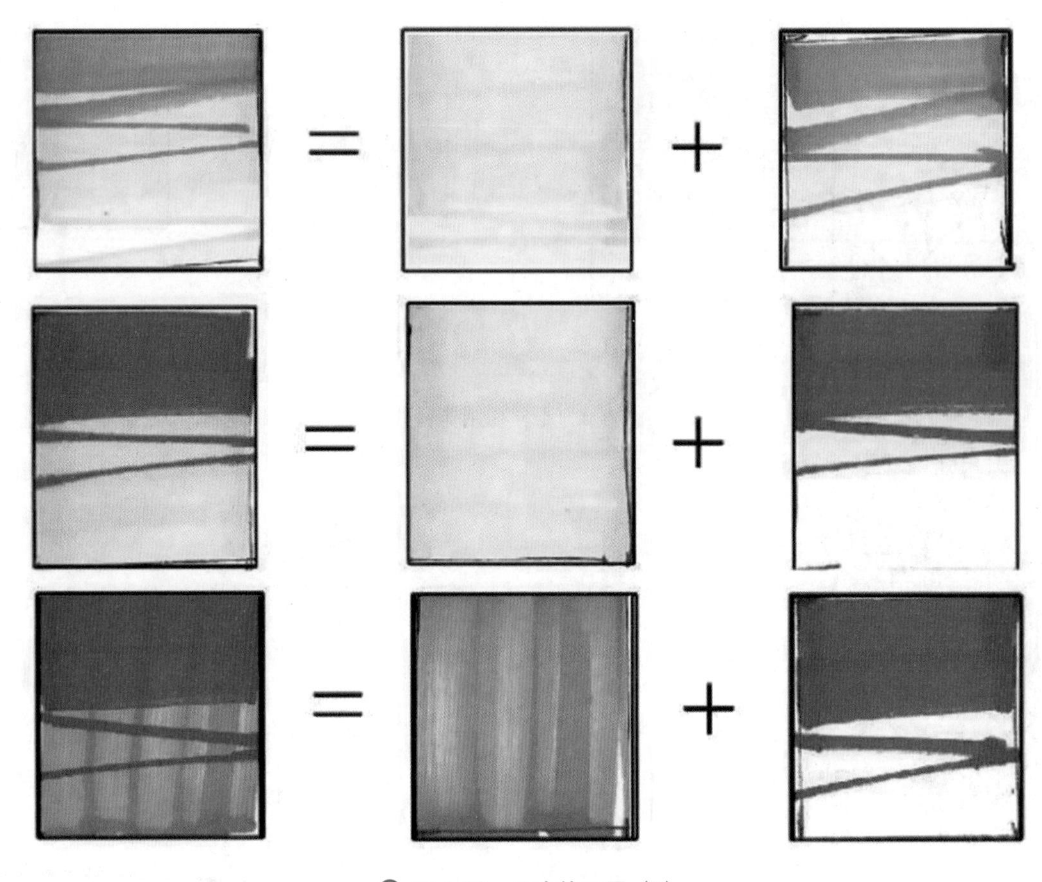

图 1-53　马克笔运用（5）

习　题

1．简述马克笔的特性。

2．利用一点透视原理绘制长 6000mm、宽 3000mm、高 4000mm 的空间网格。

3．利用两点透视原理绘制长 6000mm、宽 3000mm、高 4000mm 的空间网格。

4．利用一点斜透视原理绘制长 6000mm、宽 3000mm、高 4000mm 的空间网格。

第二章
室内效果图的设计表现与应用

室内效果图表现在建筑效果表现中占有相当重要的地位，正是由于有了对室内空间的组织，才创造出具体的使用功能，建筑的概念才得以进一步完善。随着社会的发展和人们生活品质的提高，人们对居住环境有了更高的要求，室内的装饰设计也就显得更为重要。与其他设计图纸相比，室内效果图表现以三维的形式来表达，它常被作为与业主交流和汇报工作的手段。在室内表现中，需要表现的内容和涉及的因素是多种多样的，它包括平面的布置、空间的处理、界面的细部、材料的选择、色彩的搭配、家具的设计和选用、灯具的设计与表现、陈设、绿化、环境气氛等。这就需要设计师有较全面的建筑知识、深厚的美学修养、扎实的绘画基本功，还要有敏锐的观察力和较强的表现力。

室内空间表现的方法，可以先从对室内的家具、陈设小品的表现开始着手，熟练地掌握了家具的画法后再进行空间透视练习，最后进行组合设计表现，设计时应由浅入深、由简到繁，逐步形成个人的表现风格。

第一节　室内陈设设计表现

室内陈设是手绘表现的一个重要环节，也是营造空间气氛的重要元素，它在手绘表现图中起着重要的作用。由于室内设计发展比较迅速，我们要紧跟市场，做到时时刻刻地去观察、去收集并积累大量的“素材”。在此过程中可以用速写的形式快速地将我们看到的“陈设”物记录下来，用线条反复临摹，真正做到将其形象表现出来。

任何家具都是由几何形体演变形成的，这就要求我们在绘制家具时，首先要归纳出与该家具趋近的几何形体，如图 2-1 ~ 图 2-4 所示。

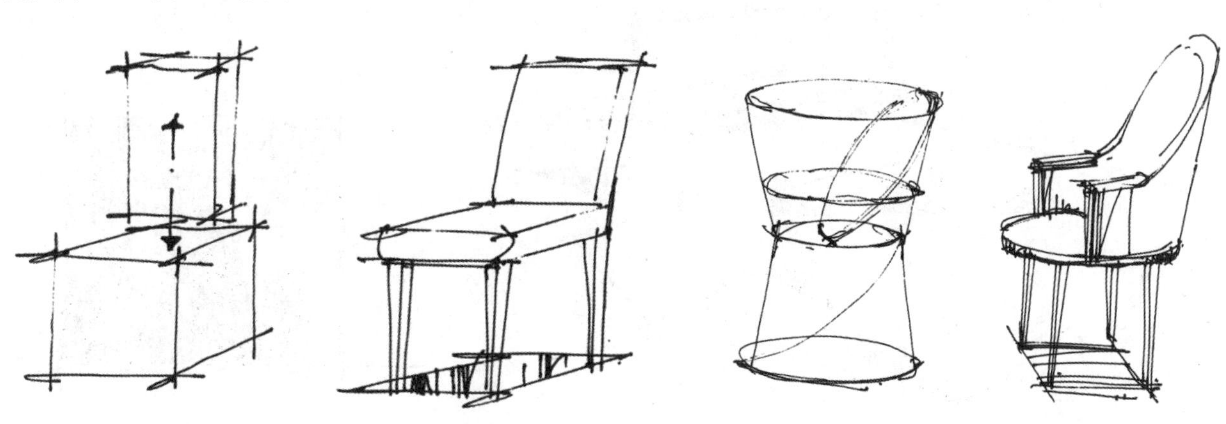

图 2-1　几何形体演变（长方体）

图 2-2　几何形体演变（圆柱体）

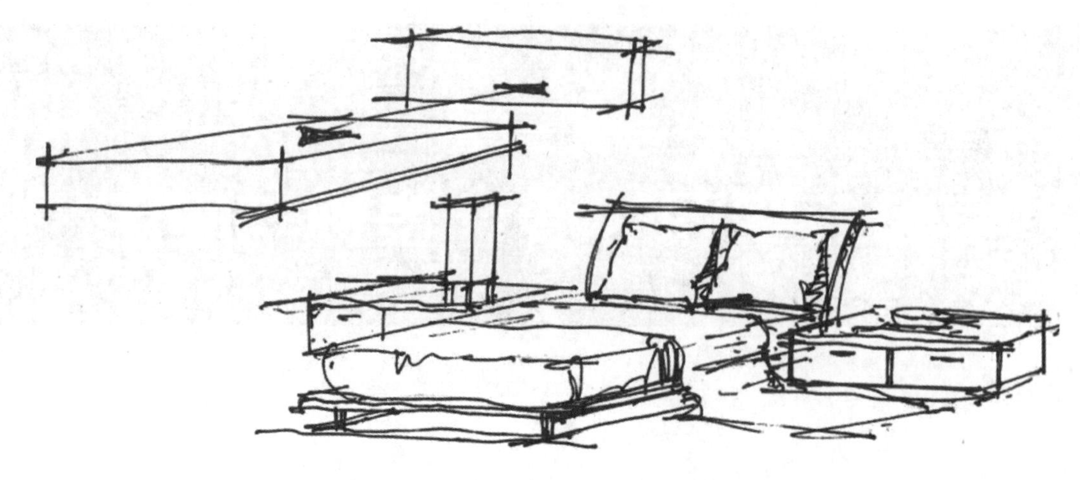

图 2-3　几何形体演变（长方体组合）

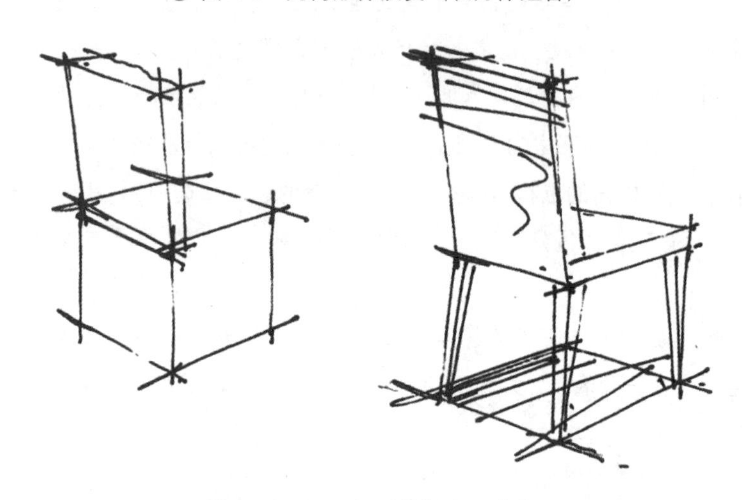

图 2-4　几何形体组合及演变

1．家具绘制

（1）根据两点透视原理绘制床体透视线稿，如图 2-5 所示。

（2）用色块法确定床体使用颜色面积，如图 2-6 所示。

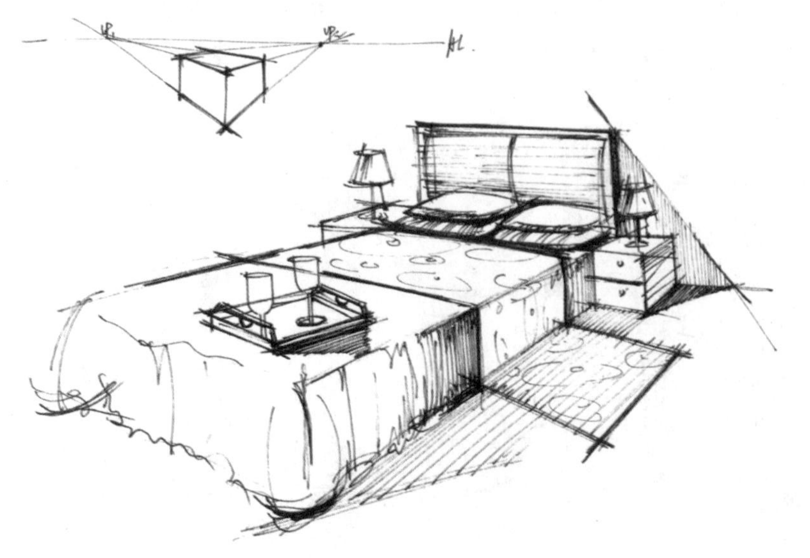

图 2-5　两点透视床

图 2-6　绘制床体色块颜色

（3）用色块中的浅颜色绘制床体颜色，如图 2-7 所示。

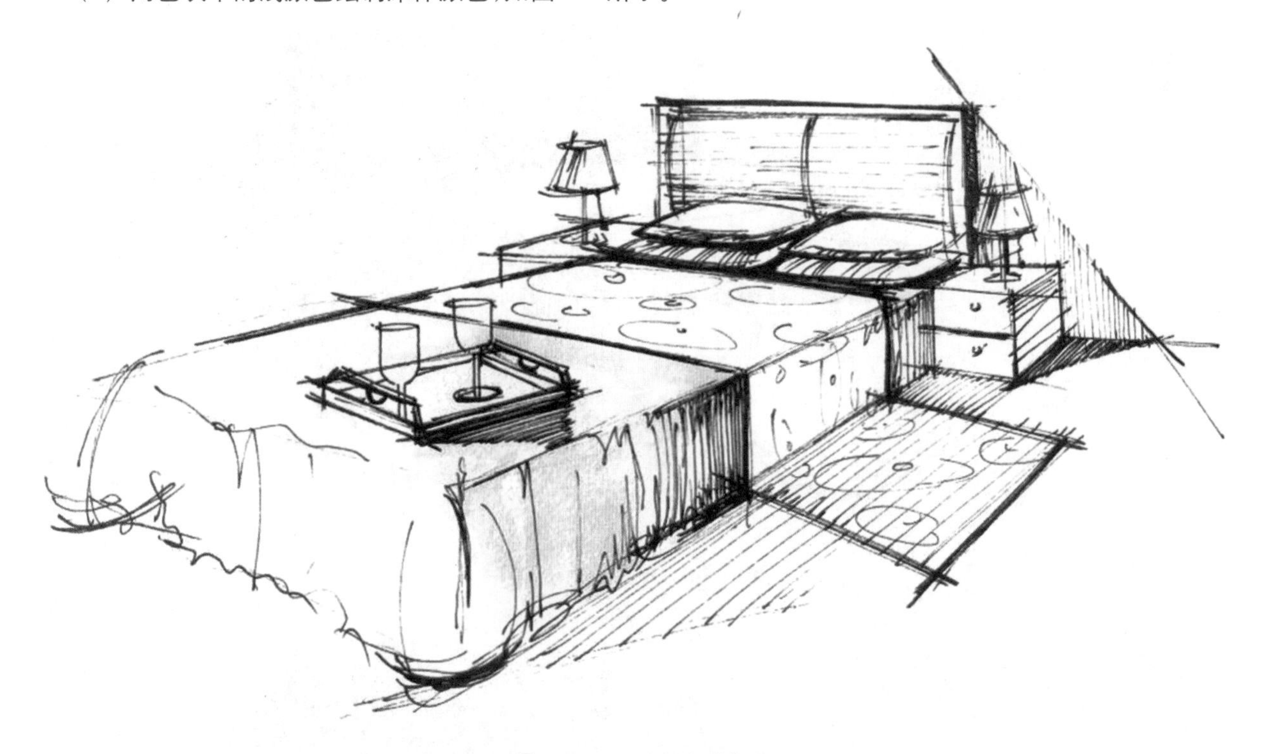

图 2-7　绘制床体颜色

（4）用色块中较深的颜色绘制配饰颜色，形成对比，注意排笔方向，如图 2-8 所示。

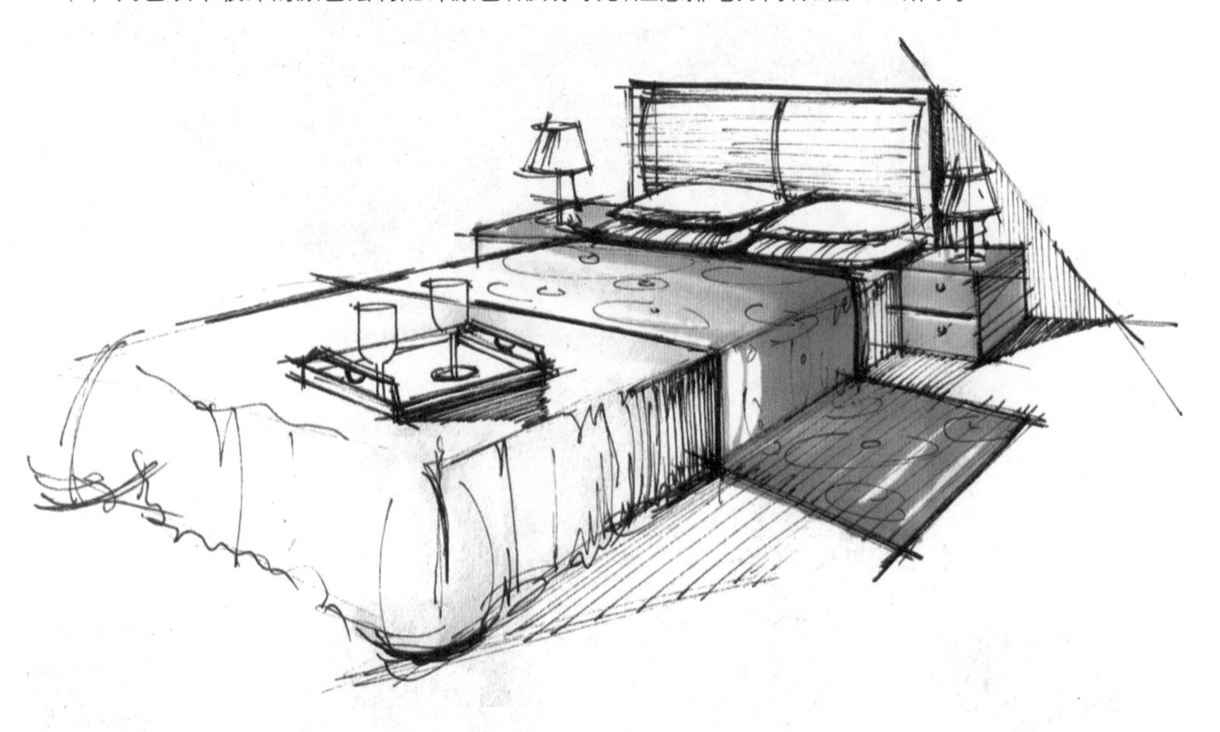

图 2-8　配饰绘制（1）

（5）用色块中面积“小”的颜色绘制床头、抱枕、床上托盘，注意排笔方向，如图 2-9 所示。

（6）用色块中同类色系“深”颜色绘制床体及配饰暗部，形成明暗对比，注意马克笔排笔方向。最后用“高光笔”提出亮部受光面，如图 2-10 所示。

图 2-9　配饰绘制（2）

图 2-10　床体绘制完成

2．案例赏析

运用正确的透视原理表现各类家具，如图 2-11～图 2-26 所示。

图 2-11　沙发绘制

图 2-12　餐桌绘制

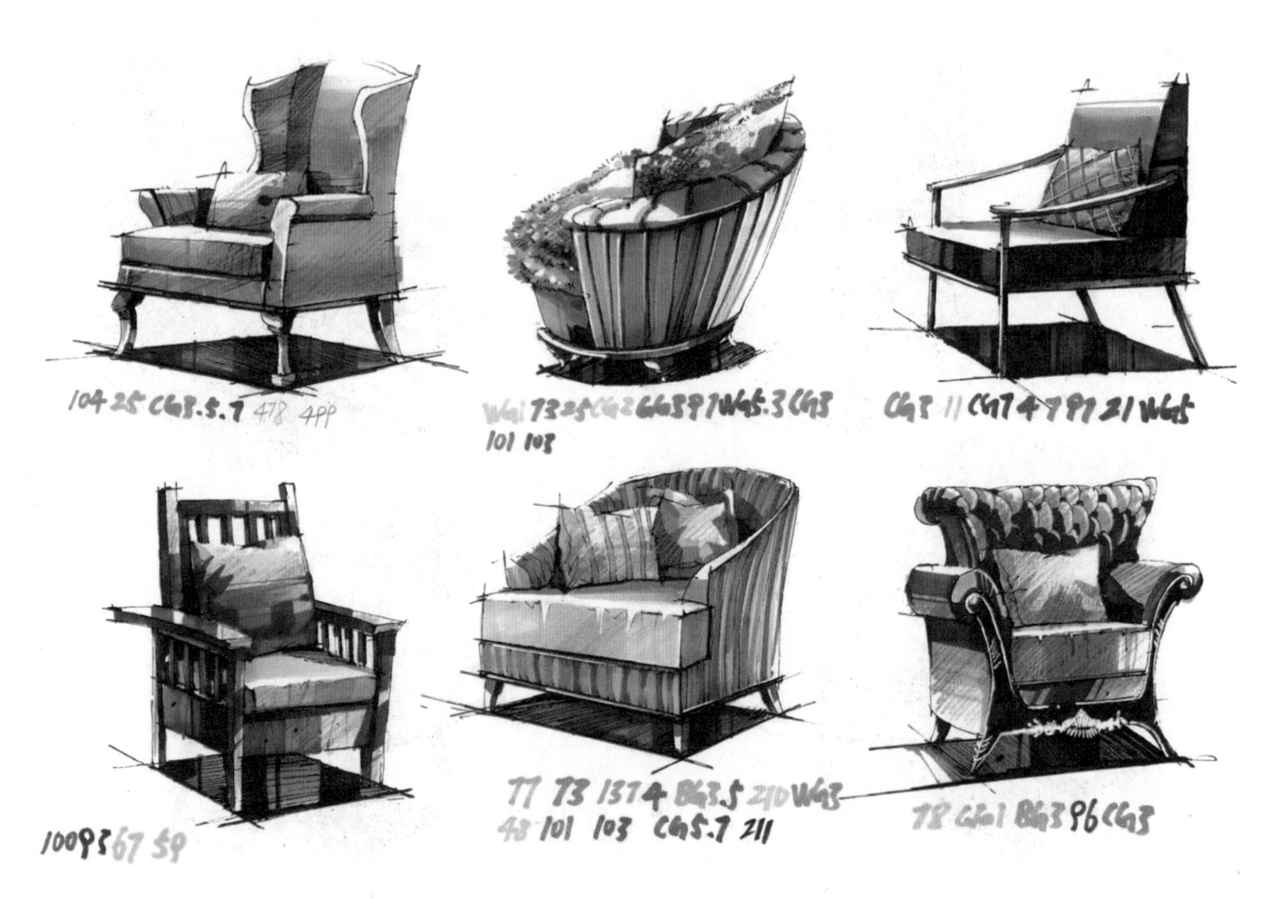

图 2-13 单体沙发绘制（1）

图 2-14 单体沙发绘制（2）

图 2-15　单体沙发绘制（3）

图 2-16　单体沙发绘制（4）

图 2-17 单体沙发绘制（5）

图 2-18 单体沙发绘制（6）

图 2-19　单体沙发绘制（7）

图 2-20　床体绘制（1）

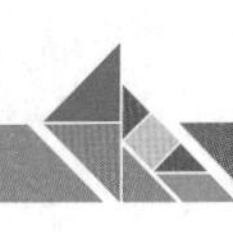

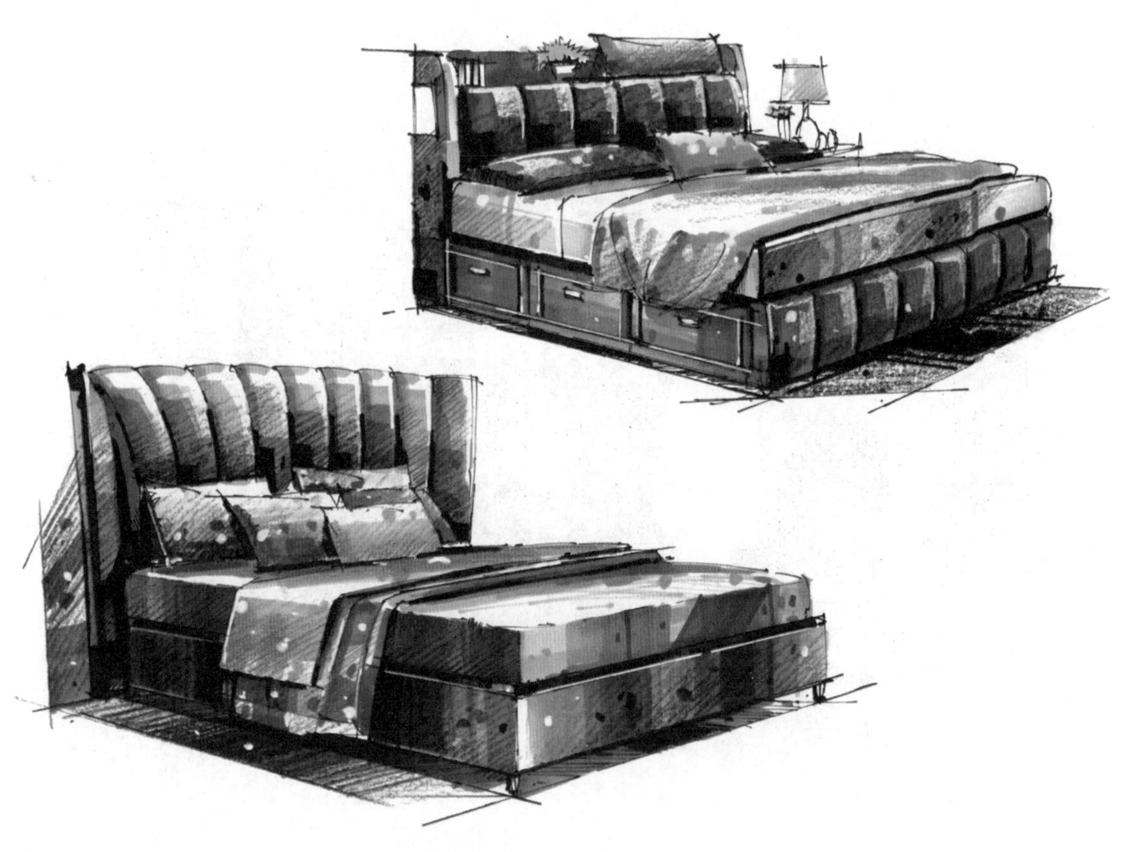

图 2-21　床体绘制（2）

图 2-22　床体绘制（3）

图 2-22（续）

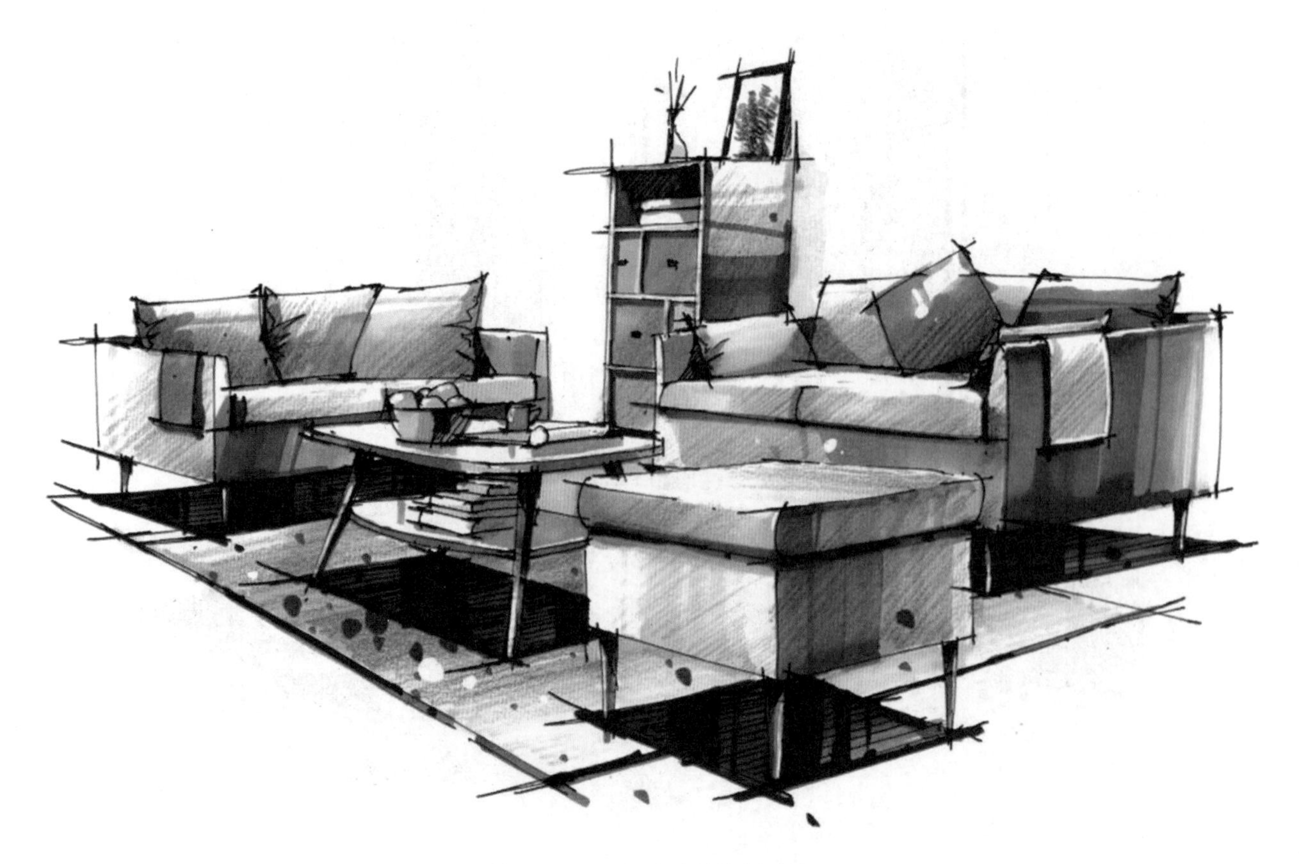

图 2-23 组合沙发绘制（1）

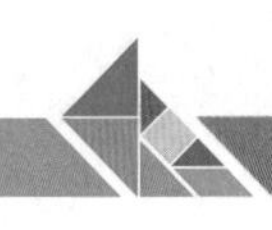

图 2-24　组合沙发绘制（2）

图 2-25　组合沙发绘制（3）

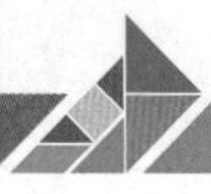

图 2-26　餐桌绘制

第二节　室内平面图设计表现

室内设计是人们根据建筑空间的使用性质，运用物质技术手段，创造出功能合理、舒适优美的室内环境，以满足人的物质与精神需求而进行的空间创造活动。室内设计所创造的空间环境既有使用价值，又满足相应的功能要求，同时也反映了历史文脉、建筑风格、环境气氛等精神因素。

一、室内平面图设计表现要点

（1）根据客户的需求，确定平面的布局形式，注意功能分区和流线分析的合理性。

（2）根据室内空间的布局形式和设计风格，确定室内空间的颜色和整体色调。

（3）在绘制平面图时，首先要确定家具的颜色和环境色彩的搭配，注意在绘制家具时不宜绘制过“满”，以免画面显得“呆板”。

（4）绘制地面时，根据地面的材料确定使用的颜色，并能够将材料的“质感”表现出来。

（5）绘制家具投影时，注意室内光线的照射情况，根据室内空间光线的照射方向确定投影的长度和方向。

二、平面图上色

同一平面用不同的色系上色，会给人带来截然不同的感受，如图 2-27 和图 2-28 所示。

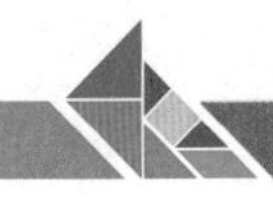

图 2-27　彩色平面图绘制（1）

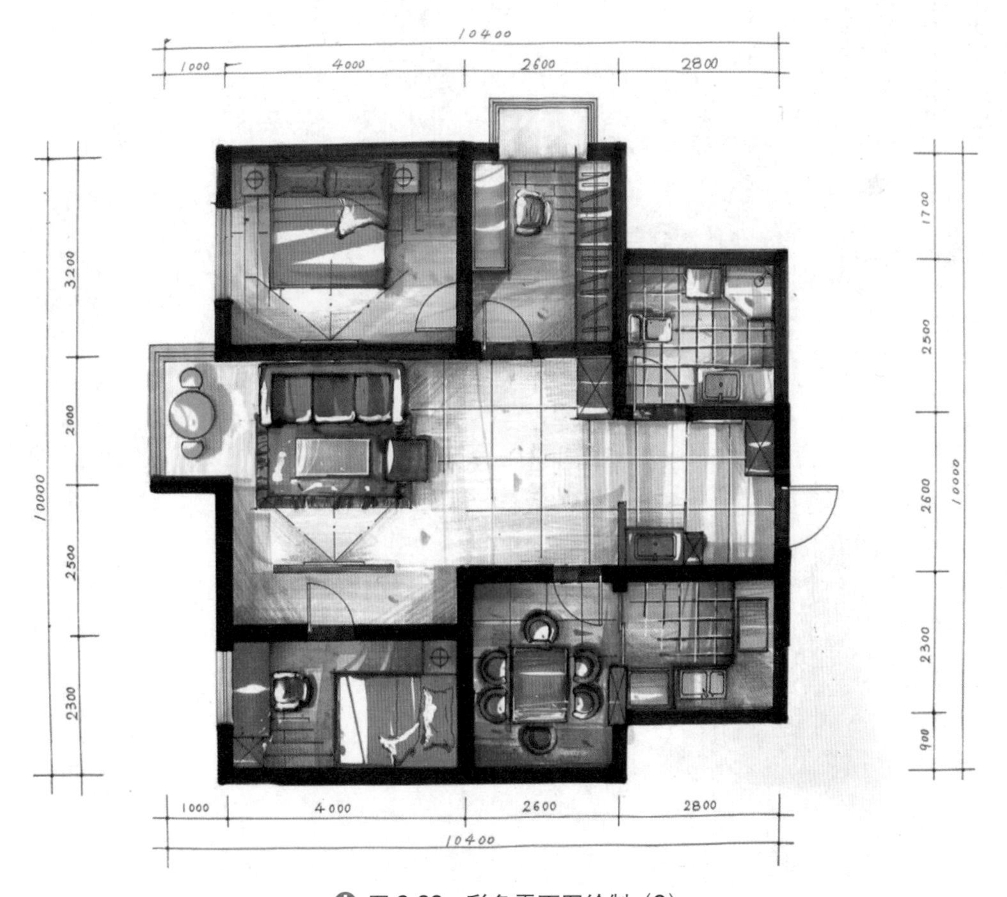

图 2-28　彩色平面图绘制（2）

第三节　室内空间设计表现

一、家居空间设计表现

(1) 根据设计要求，绘制出准确的铅笔透视稿，并可以将其复印多张，做不同的色稿练习。先用适宜的淡彩或选一种灰色，将室内墙体及天棚的色调、光影关系用退晕渐变的手法表现出来。

(2) 进一步深入刻画，用马克笔将室内空间环境关系、家具陈设造型、色调、材料质地、光影明暗等效果巧妙、生动地塑造出来。笔触要富有表现力，色彩要丰富、鲜明、生动。

(3) 对画面整体关系做统一调整，局部色彩关系可以用彩色铅笔来加强，以取得画面整体协调的完美效果。

二、案例详解

(一) 客厅空间设计表现

(1) 根据客户的要求，设计出现代风格的客厅，如图 2-29 所示。

图 2-29　方案效果图

(2) 用马克笔绘制家具底色，注意马克笔的排列方向，如图 2-30 所示。

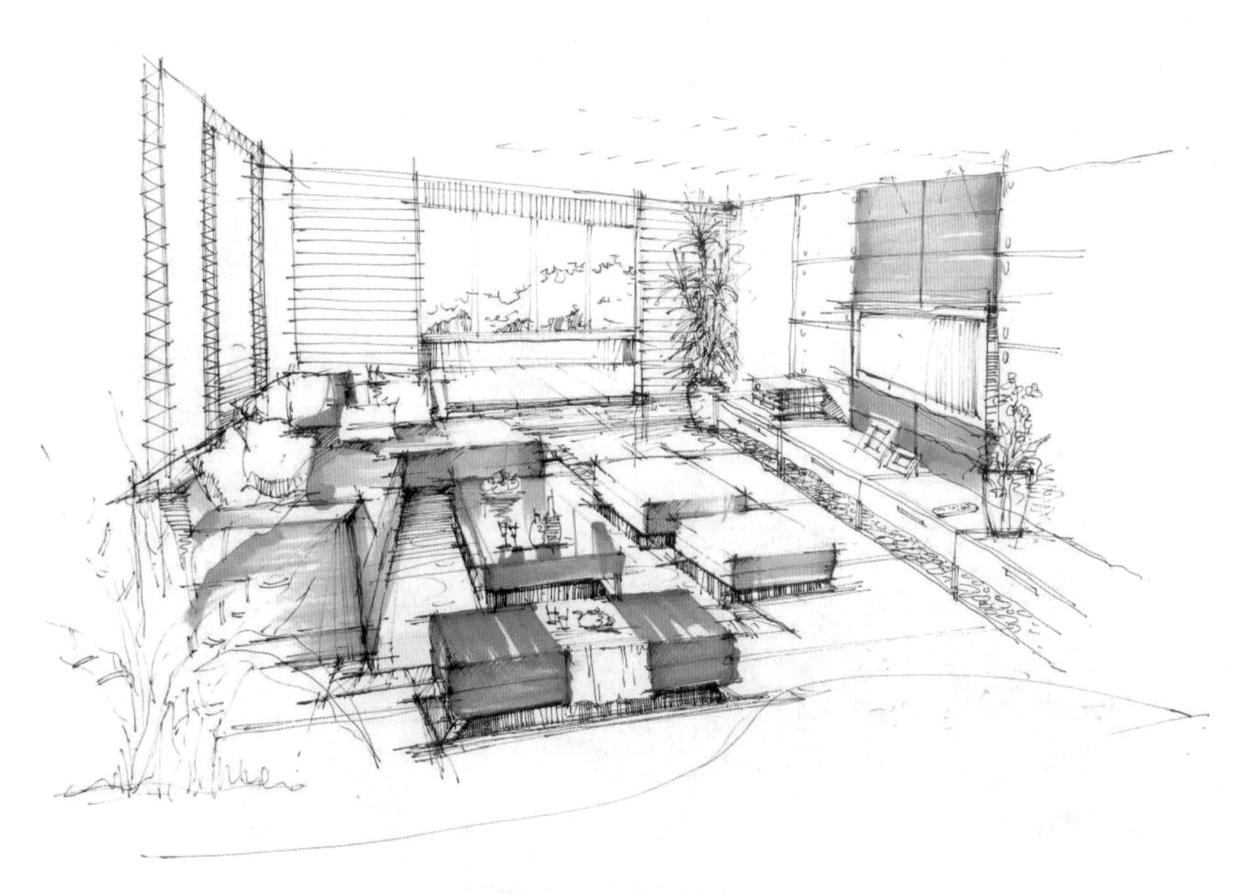

图 2-30 绘制家具底色

(3) 绘制地毯和电视背景墙底色，如图 2-31 所示。

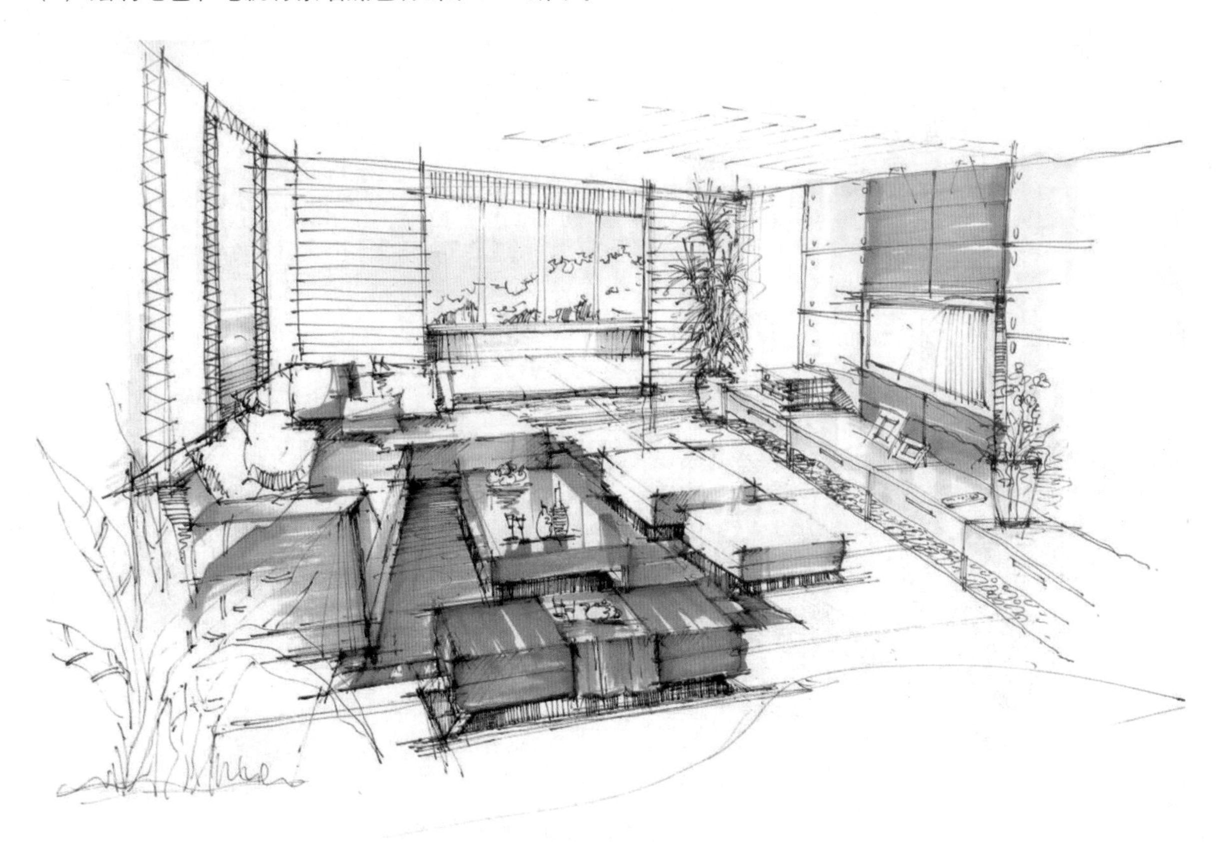

图 2-31 绘制地毯和电视背景墙底色

（4）绘制地面和室内植物底色，注意“留白”，如图 2-32 所示。

图 2-32　绘制地面和植物底色

（5）绘制家具的暗部颜色及投影，营造空间感，如图 2-33 所示。

图 2-33　绘制家具的暗部颜色及投影

（6）绘制背景墙光影照射效果，使背景墙更加富有立体感，如图 2-34 所示。

图 2-34　绘制背景墙光影照射效果

（7）绘制室内配饰暗部颜色，增强空间立体感，如图 2-35 所示。

图 2-35　绘制室内配饰暗部

（8）调整室内空间细节部分，加重投影及家具的暗部，如图 2-36 所示。

图 2-36　调整细节

（9）调整整个空间，将事物的质感表现出来，完成最后的空间颜色，图 2-37 所示。

图 2-37　质感调整

（二）别墅会客厅设计表现

图 2-38 和图 2-39 为别墅会客厅的方案设计图与竣工实景图对比图片。

图 2-38　别墅会客厅方案设计图

图 2-39　别墅会客厅竣工实景图

(1) 根据设计要求确定别墅空间的设计风格，并运用一点透视原理绘制别墅客厅空间，如图 2-40 所示。

图 2-40　确定设计风格

(2) 确定各空间墙面、棚面和地面的基本造型及各界面的装饰材料，如图 2-41 所示。

图 2-41　确定基本造型

(3) 调整墙面、地面、棚面的衔接及家具的搭配，如图 2-42 所示。

图 2-42　调整方案

(4) 调整空间的整体设计及空间照明设计问题，如图 2-43 所示。

图 2-43　调整空间细节设计

（5）绘制空间主要家具颜色，注意马克笔的排列方向，如图 2-44 所示。

图 2-44　绘制家具颜色

（6）绘制空间棚面及墙面颜色，注意材质的表现，如图 2-45 所示。

图 2-45　绘制棚面及墙面颜色

（7）绘制空间后排家具及远处配饰的颜色，如图 2-46 所示。

图 2-46　绘制配饰颜色

（8）调整空间的层次感及整体设计方案的色调，如图 2-47 所示。

图 2-47　调整设计方案

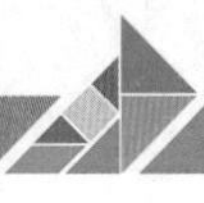

（三）公共空间室内设计表现——咖啡厅设计

图 2-48 和 图 2-49 为咖啡厅方案设计图与竣工实景图对比图片。

图 2-48　咖啡厅方案设计图

图 2-49　咖啡厅竣工实景图

（1）根据设计要求确定空间的设计风格和基本功能分区，如图 2-50 所示。

图 2-50　确定风格

（2）确定吧台的长度及座位数量，如图 2-51 所示。

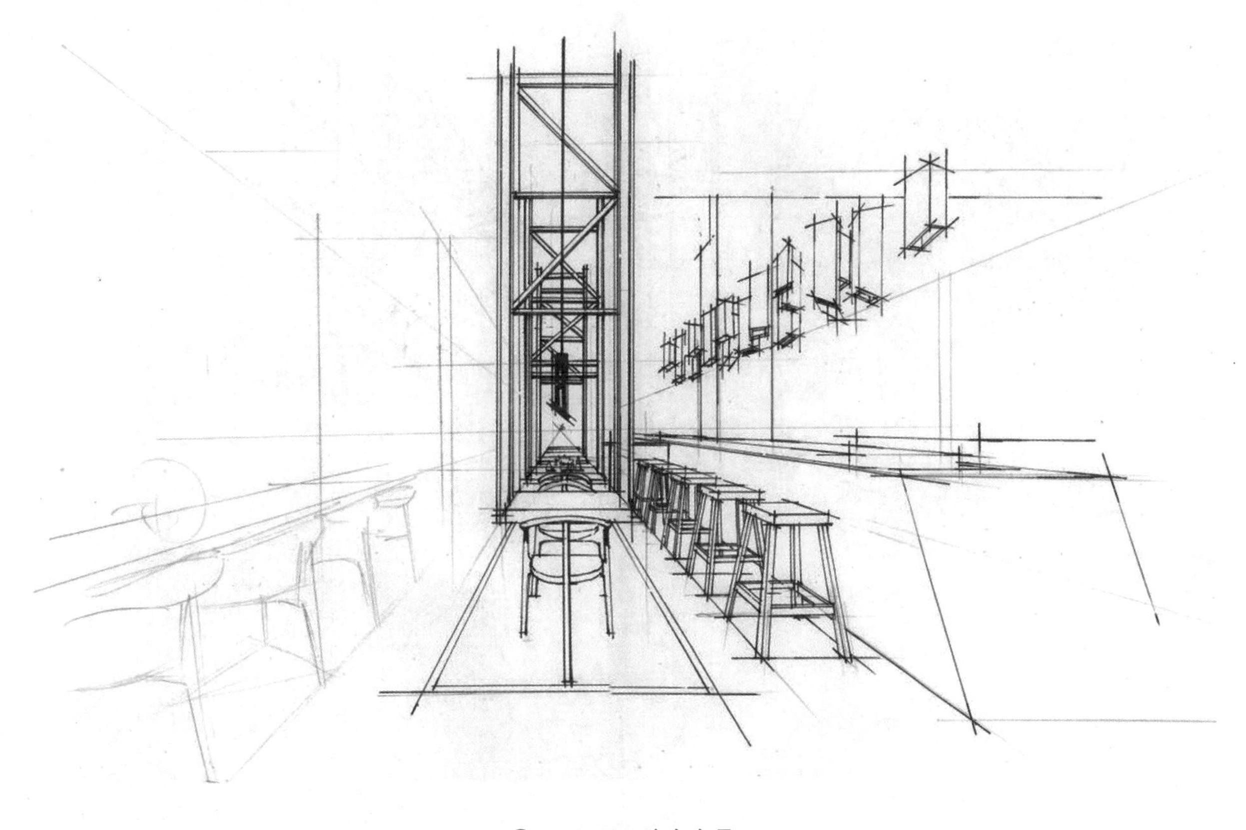

图 2-51　确定家具

（3）确定各界面的造型设计及装饰材料，如图 2-52 所示。

图 2-52　确定造型及材料

（4）确定空间配饰款式及位置，如图 2-53 所示。

图 2-53　确定空间配饰

（5）调整空间整体设计，如图 2-54 所示。

图 2-54　调整空间

（6）确定空间基本色调，如图 2-55 所示。

图 2-55　确定空间色调

（7）根据各界面采用的装饰材料进行设计表现，注意材料质感的表现，如图 2-56 所示。

图 2-56　材料质感表现

（8）调整画面，注意空间“层次感”表现及材料“质感”的表达，如图 2-57 所示。

图 2-57　调整画面

第四节　实 训 案 例

实训案例欣赏如图 2-58 ～图 2-85 所示。

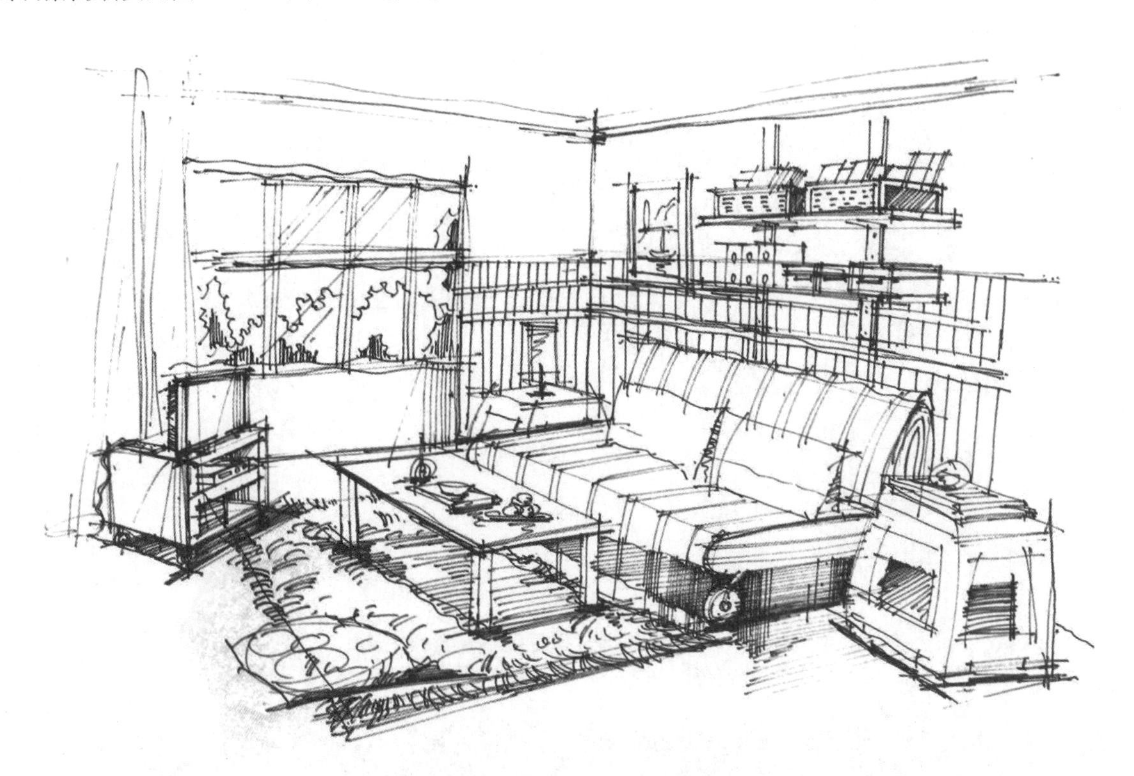

图 2-58　客厅休息区线稿

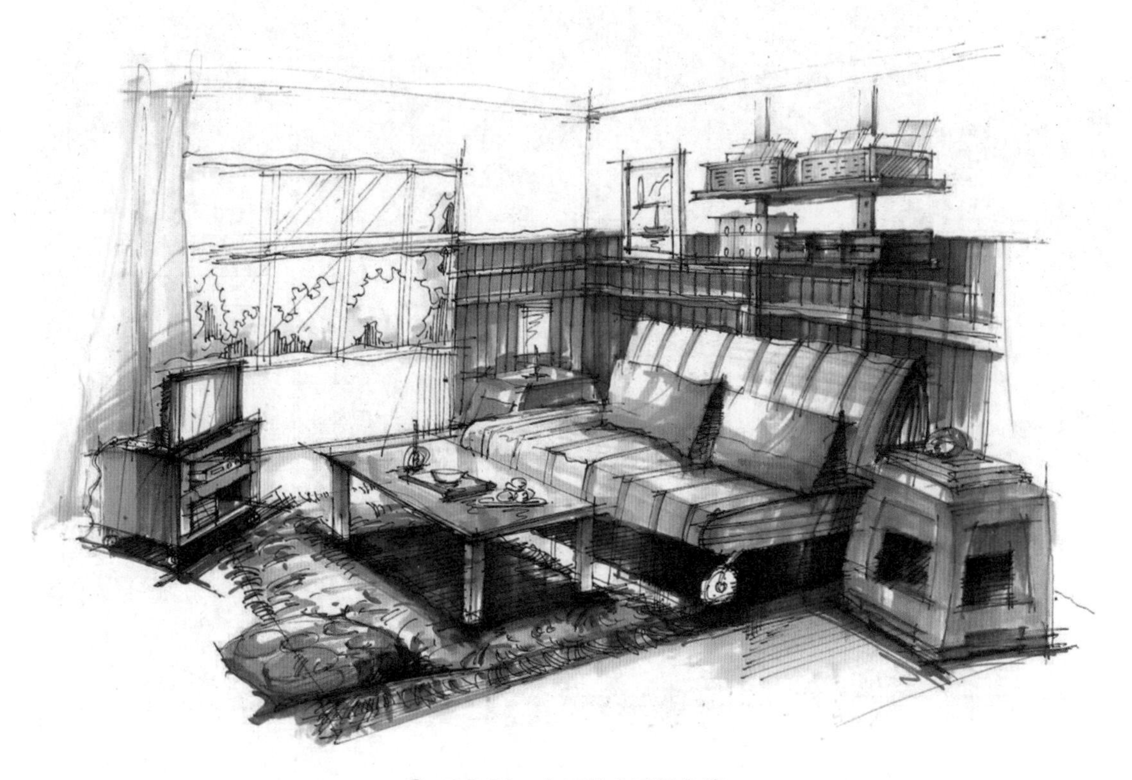

图 2-59　客厅休息区颜色稿

图 2-60　餐厅线稿（1）

图 2-61　餐厅颜色稿（1）

图 2-62　餐厅线稿（2）

图 2-63　餐厅颜色稿（2）

图 2-64　商场线稿

图 2-65　商场颜色稿

图 2-66　餐厅效果图线稿

图 2-67　餐厅效果图颜色稿

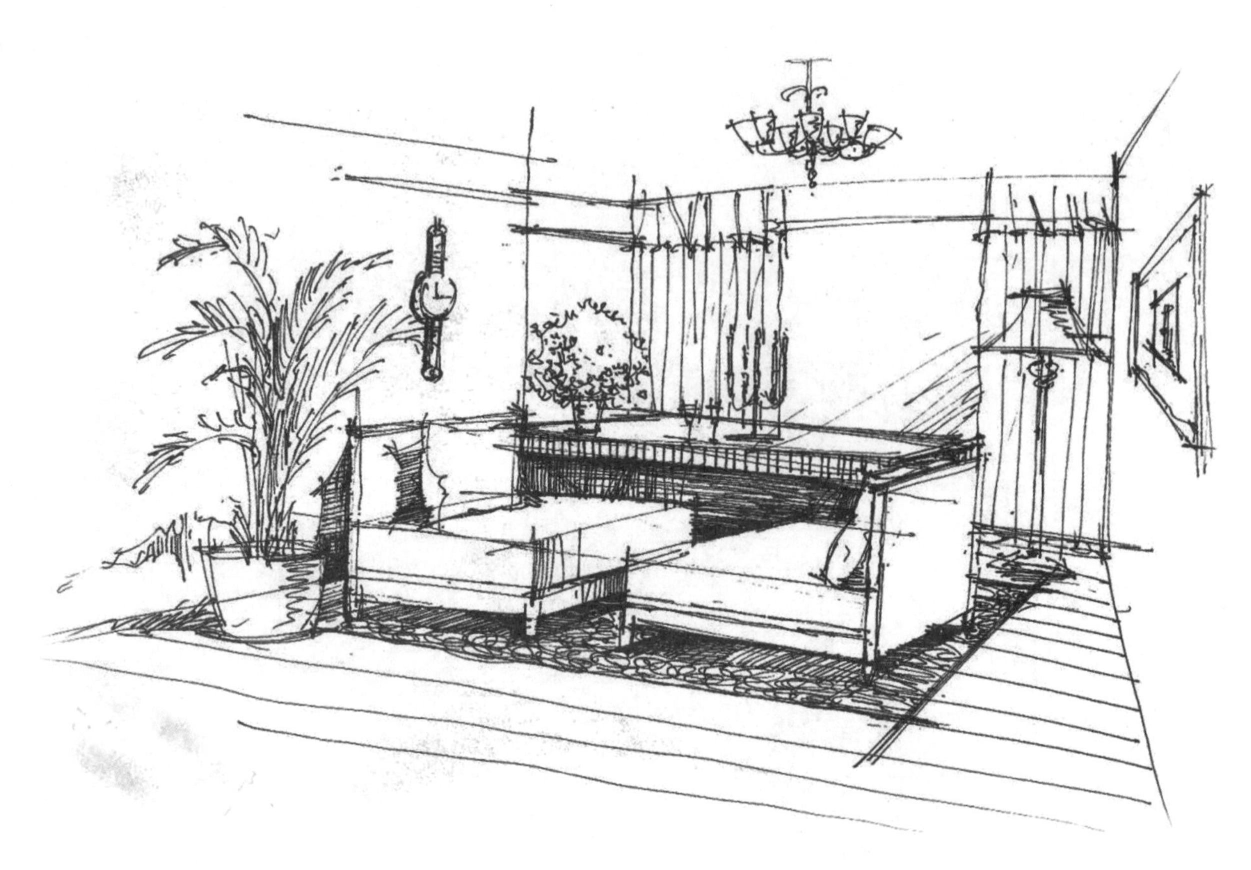

图 2-68　书房一角线稿

图 2-69　书房一角颜色稿

图 2-70　LOFT 空间设计线稿

图 2-71　LOFT 空间设计颜色稿

图 2-72　娱乐空间设计线稿

图 2-73　娱乐空间设计颜色稿

图 2-74　餐饮空间设计线稿

图 2-75　餐饮空间设计颜色稿

图 2-76　客厅空间设计

图 2-77　阁楼空间设计

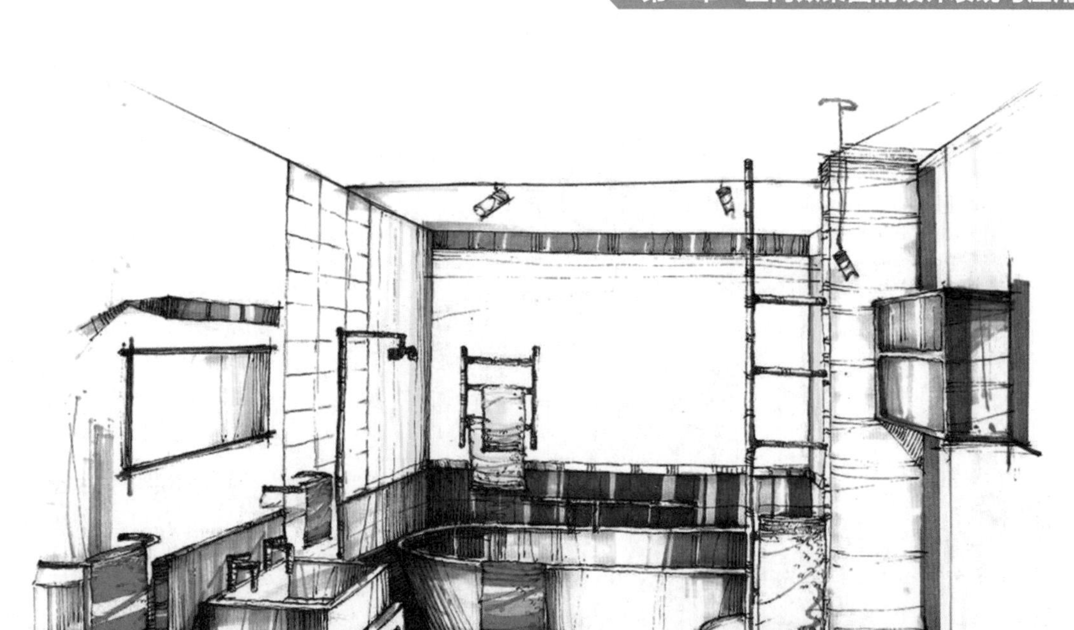

图 2-78　卫生间设计（1）

图 2-79　客厅设计（1）

图 2-80 卧室设计（1）

图 2-81 书房设计

图 2-82　客厅设计（2）

图 2-83　会客厅设计

图 2-84　卧室设计（2）

图 2-85　卫生间设计（2）

习　　题

1．利用一点透视原理绘制客厅效果图。

2．利用一点透视原理绘制卧室效果图。

3．绘制不同材料的家具 20 组（彩色）。

4．利用一点透视原理绘制卫浴效果图。

5．利用一点斜透视原理绘制经理办公室空间效果图。

6．利用一点斜透视原理绘制展览空间效果图。

第三章
室外效果图的设计表现与应用

景观、园林设计是环境设计的一部分。环境设计是以建筑的内外空间来界定的，以建筑、雕塑、绿化等要素来进行的空间设计称为外部环境设计，即景观、园林设计。

景观、园林设计作为现代艺术设计学科的一种，是通过艺术表现的方式对室外环境进行规划设计的一门实用艺术。它是为满足人们功能（生理）要求和精神（心理）需求而创造的一种空间艺术。景观、园林设计是为人创造适宜的生存和生活空间的规划，是有意识的主观设计行为，对便利性、舒适性和安全性有一定的设计要求，即在满足功能需求的基础上，能带给人愉悦的居住生活环境。

透视是手绘画面的“骨架”，如果说方案主题内容是“肌肉”，那么配景就是“表皮”。配景是画面构成的重要组成部分，其华丽的外表使画面更加丰富耐看。配景不同于绘画学习，因为它们是有一定模式的。手绘表现中的配景主要是环境方面的内容，因此我们先要学会生活中常见的形态组合。

第一节　植　　物

植物是配景表现中最主要、最常见的内容，画面上对于自然形态部分的体现主要是靠植物配景来实现的，所以我们首先学习手绘植物的表现。

植物的形态种类极多，在手绘表现中要有选择地使用。我们学习和应用植物表现需要先理清一个简明的类别体系，按照植物在画面中上、中、下的节奏关系，可以将其确定为“树”“丛”“地”三种形态概念。

一、树

树是植物配景中首要的组成因素，也是手绘表现中最常见的配景。树的画法多种多样，在手绘表现中比较突出模式化，不需要过细地描绘树种，主要是抓住树的形态特征。

（1）树的构造和大致比例关系，如图 3-1 所示。

（2）普通形式树的表现。先从树干画起，要注意粗细和长度的比例关系；树根部略微“展开”；整体树干的表现效果是匀称而苗条的，如图 3-2 所示。

① 枝杈部分是很重要的，主杈不能过多，两三根就可以了，要注意上细下粗的形体收缩。主杈与分枝有明显的粗细对比，至少要分出三种粗度级别。整个分叉形态的角度不可太小，应该是像花一样的状态，是“先陡后缓”的扩散效果，如图 3-3 所示。

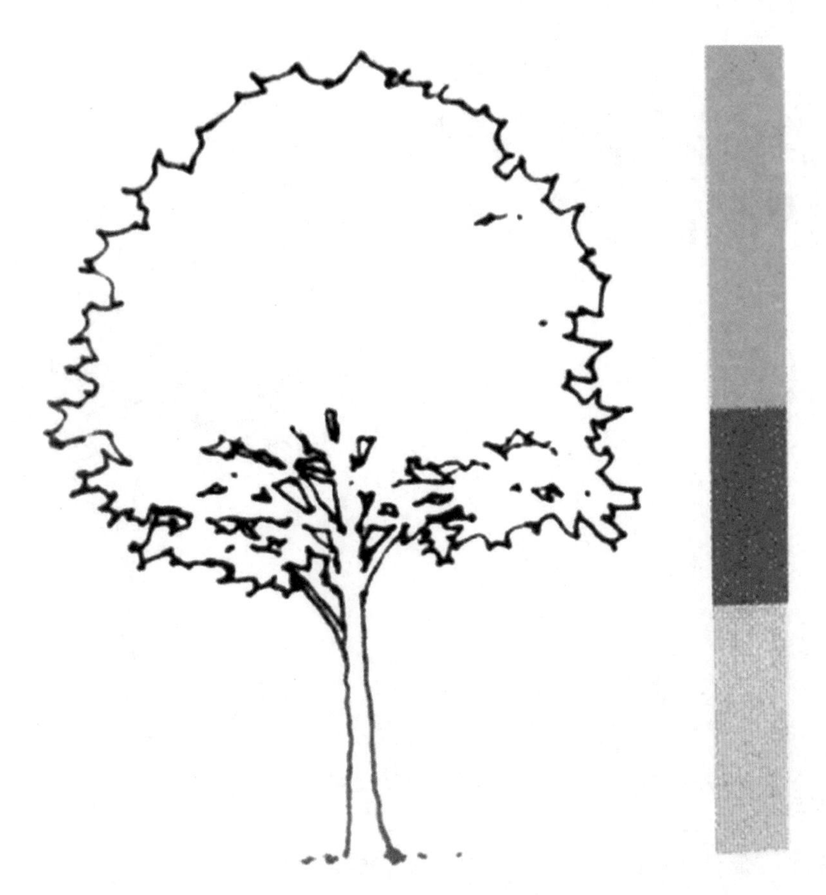

图 3-1　树的构造和大致比例关系

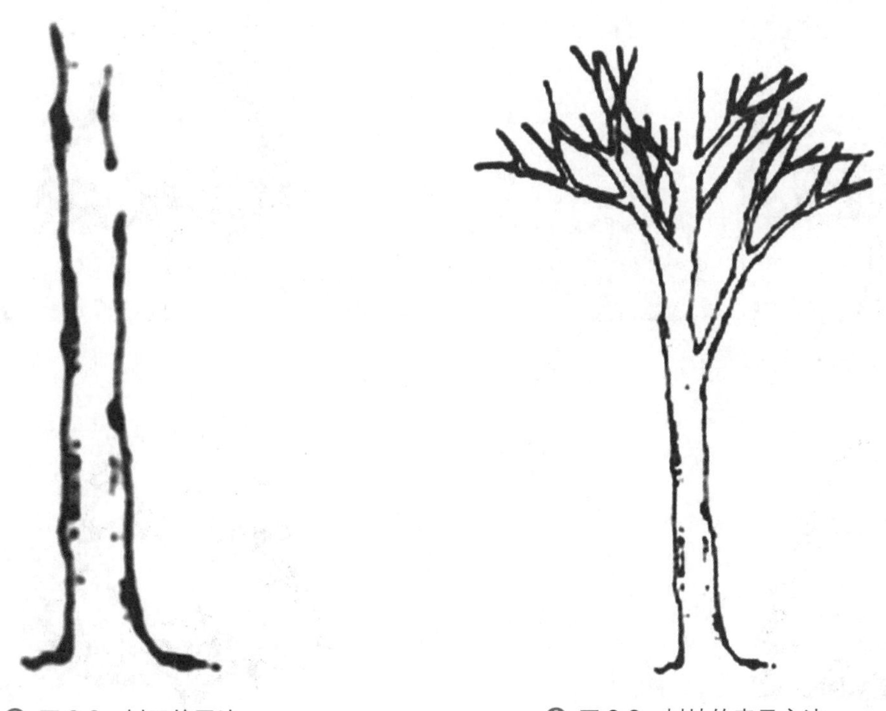

图 3-2　树干的画法

图 3-3　树枝的表示方法

② 给枝杈“收尾”，用齿轮线把画好的枝杈自然地连接起来，不一定非要沿着枝杈外形去画。关键是要注意这条连线的轮廓，要具有上下起伏的自然节奏变化，如图 3-4 所示。

③ 用“齿轮线”画出树冠的外轮廓，注意上窄下宽的形态特征以及线条的起伏节奏变化，如图 3-5 所示。

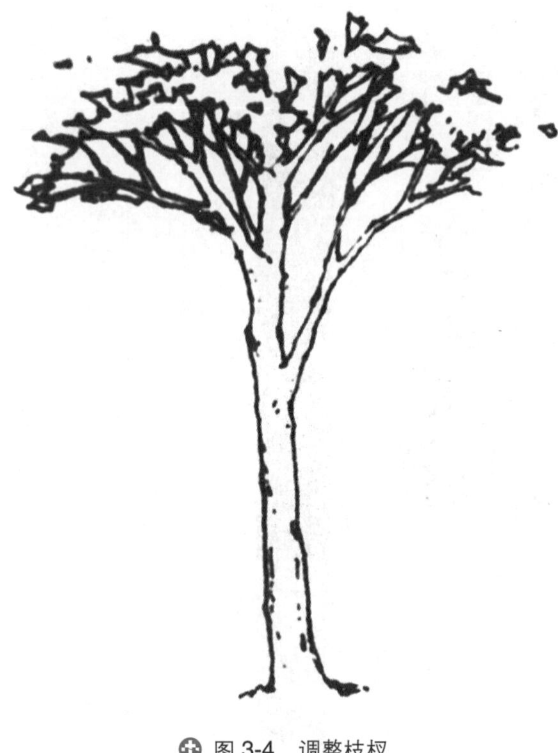

图 3-4　调整枝杈

图 3-5　绘制树冠外轮廓

（3）几种常见的树冠形式，如图 3-6 所示。植物画法如图 3-7 所示。

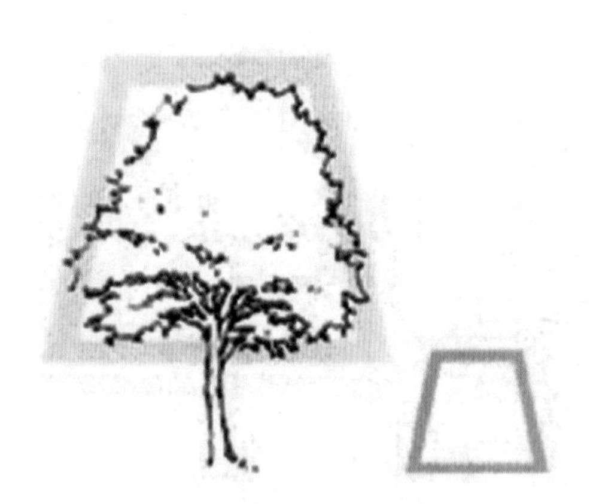

偏梯形的形式（适合中型树）

等边三角形的形式（适合小型树）

偏长一些的等腰三角形的形式

“葫芦”形式（适合大型树）

图 3-6　树冠的表示形式

图 3-7　植物画法

二、丛

1．草丛

草丛一般以近景形式点缀在画面的角落，体现野生的自然效果。但是草丛的组成内容不是单纯的草，而是由多种小型植物汇集的植物组团形式。

草丛的画法没有特定的规则，需要注意的是各种页面之间的穿插、层次以及大小比例关系，如图 3-8 所示。

图 3-8　草丛的画法

2．花丛

花丛有两种形式，一种近似于草丛，也同样汇集于画面的边角，为近景起装饰作用，这种表现需要细致一些，趋于写实。另一种是方案中经常出现的花池，通常被放在画面的中景部分，表现为连续的团状效果，不需要进行细致刻画。

3．低矮灌木丛

低矮灌木丛在画面中的表现十分概括，不适合作为近景使用，比较适合放在中景、远景中。低矮灌木丛主要起填充和点缀作用，被用来适当遮挡主体内容，为画面增添郁郁葱葱的自然效果。低矮灌木丛的轮廓自然而富有韵律，整体形态要有团状的效果和体积感，树干和枝杈可以忽略不画，如图 3-9 所示。

图 3-9　低矮灌木丛的绘制方法

第二节　山石、水体及人物

一、山石

石不仅与水配合，还可以放在草地、路边等适合的位置作为配景点缀，如图 3-10 所示。

图 3-10　山石的绘制方法

二、水体

1. 水面

画水面主要画的是倒影效果,水中的倒影是通过一种折线形式的笔法表现出来的,就像荡漾的水波。表现倒影效果用铅笔或绘图笔都可以,画的时候要注意上紧下松,收尾处要含蓄自然。倒影画得不宜过密,更不能过于近似、均衡。采用折线的形式就是为了突出水岸的效果,以此来衬托水面,所以水面的部分大多是空白不画的。

2. 跌水

跌水是指溪流、小型瀑布或水池的水流跌落的形式,体现水流的自然动感。表现这种效果通常是预先留出空白,而后添加自然的水流缝隙。如果使用铅笔作为工具进行表现,可以略微地将边缘虚化,水流的纹路也可以通过轻微的"蹭笔"来表现,这样从整体上看起来比较含蓄,如图 3-11 所示。

图 3-11　水面的绘制方法

3. 喷泉

(1) 喷射效果。轨迹是抛物线形式的水柱,表现这种效果要预先留出空白,随后用笔将边缘稍加强调。另外,还可以最后用橡皮、白色涂改液等修改工具修出其形态,以突出水柱的体积感。

(2) 喷涌效果。喷涌是常见的喷泉形式,在设计中强调自然效果,通常以高低不同的分散形式点缀水面。先将其形态轻轻地勾画出来,形体轮廓要用圆滑的曲线形式表现,左右的水花形态各异,水面涌动起伏,但不要过分夸张,以至于影响水柱的整体形态。

三、人物

人是重要的配景之一,可以增强画面的生动感,体现空间进深,最重要的是认识衡量空间的尺度标准。一种是比较"硬"的表现方式。这种表现方式使人物体形偏修长,用笔迅速,线条硬度效果非常明显。这种形式适用于快速表现,画面整体用笔效果也大都采用这种形式,如图 3-12 所示。

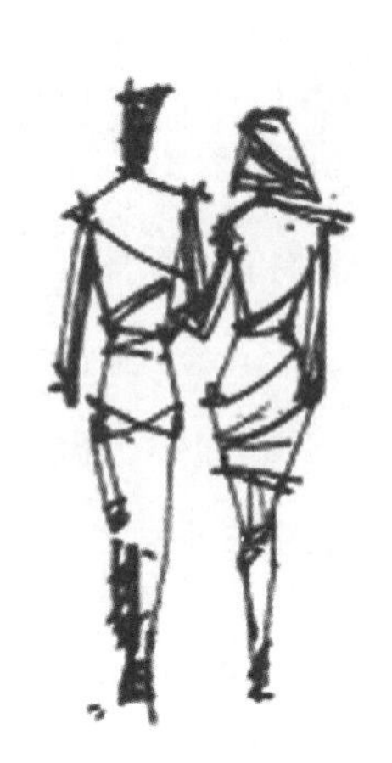

图 3-12　人物的“硬”画法

另一种表现方式更加概括。这种表现方式不突出体态特征，是一种轮廓表现的效果，同时也不去表现动态特征，身体部分有点像“口袋”。这种表现方式在快速表现中比较实用，旨在配合环境气氛的表达，而不强调真实性刻画，如图 3-13 所示。

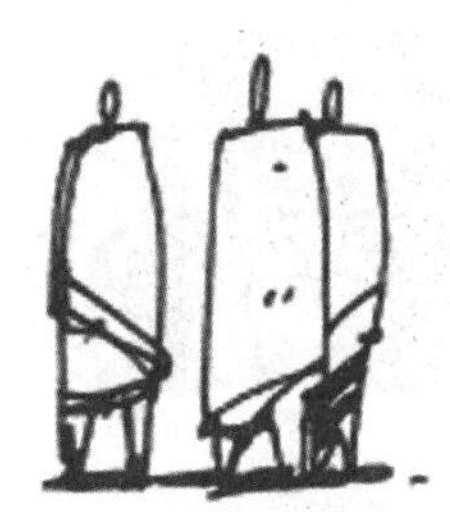
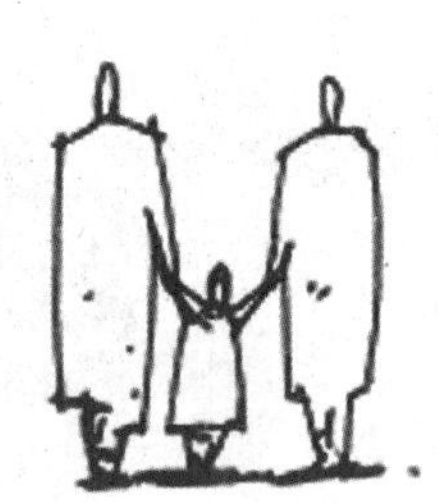

图 3-13　人物的“口袋”画法

人物速写画法遵循比例、着装、动态等原则，如图 3-14 所示。

图 3-14　人物画法

图　3-14（续）

（1）比例：应注意人体的大致比例，男为七个半头，女为六个半头。

（2）着装：在手绘表现中，男人身着西装、夹克，女人穿裙子，这样的画面效果会比较生动。

（3）动态：在画面中要强调站、行、坐几种基本形态的差异，更需要体现正面、侧面以及半侧面的不同形式，这样才会显得生动自然。对于特殊姿态动势，可根据需要添加（如跳舞、游泳以及运动形式等），一些偶然动作以及过于特殊和夸张的姿态最好不要采用。

第三节　景观平面图设计表现

景观设计是一门综合性学科，它所改造的环境对象是一个复杂的整体，它所服务的对象也是具有思想的个体，如何使自然环境与人文环境高度和谐，这就需要进行合理的规划和设计，包括对地形、地貌的勘测，对土壤、水源、气候的考察，对周围民俗、宗教、人文环境的了解等。

在景观平面图的设计表现中，各种形式的平面植物图例表现最为复杂，也是画好一张平面表现图的前提，所以在画之前必须熟悉不同植物的平面图例的表现方法。植物的种类很多，各种类型产生的效果不同，表现的时候应该加以区别对待。

一、景观平面图设计表现要点

（1）当画几株相连的相同树木的平面时应适当注意避让，使画面形成整体。

（2）平面图中的树木大部分用简单的轮廓表示，在设计图纸中，当树冠下有花台、水面等低矮的设计内容时，树木不应过于复杂，要注意避让，不要遮挡住下面的内容。

（3）树木的落影是平面树木重要的表现方法，它可以增加图片的对比效果，使画面明快生动。

二、平面图设计表现范例

（1）树木的平面表示可以先以树干的位置为圆心、树的半径画圆，再加以表现。

（2）树木落影具体方法，先根据设计内容画出植物平面图例，再选定平面光线的方向，定出落影量，以等圆画出落影圆，用黑色将落影涂黑即可，不同的植物类型可采用不同的落影。

三、案例详解

（1）准备好需要上色的景观平面图，观察整体布局，如图 3-15 所示。

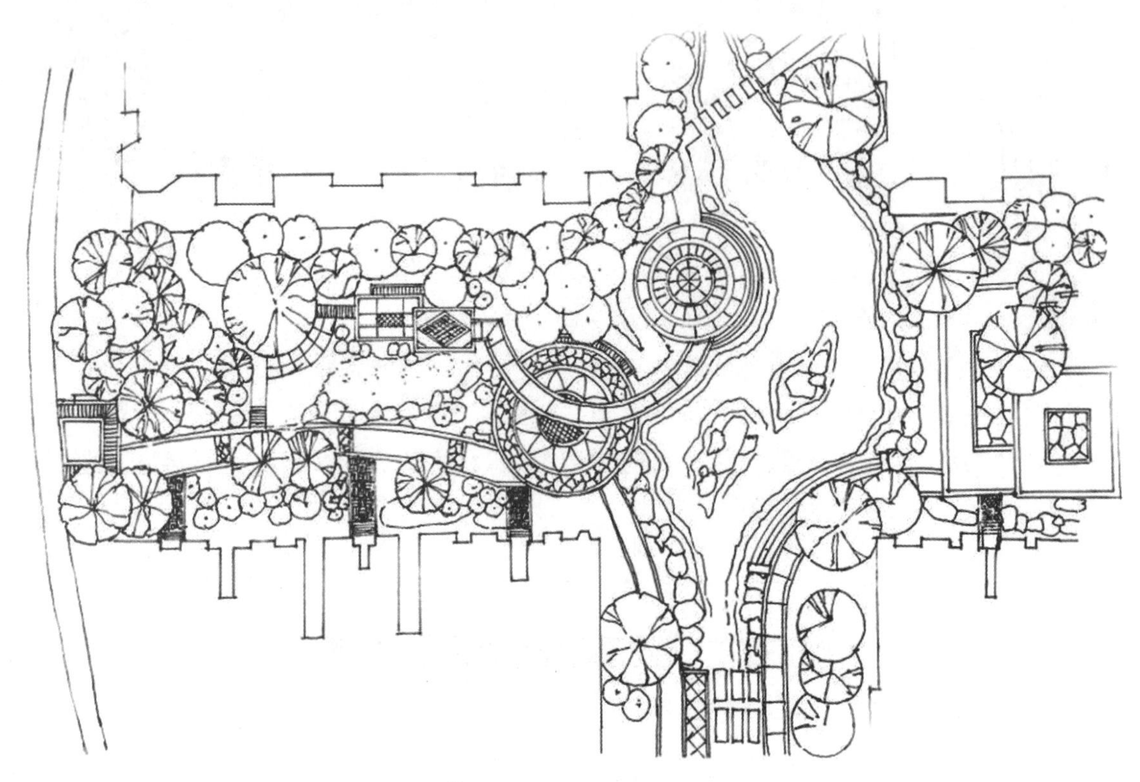

图 3-15　景观平面图

（2）用黄绿色绘制周围草坪，颜色不宜用得过重，如图 3-16 所示。

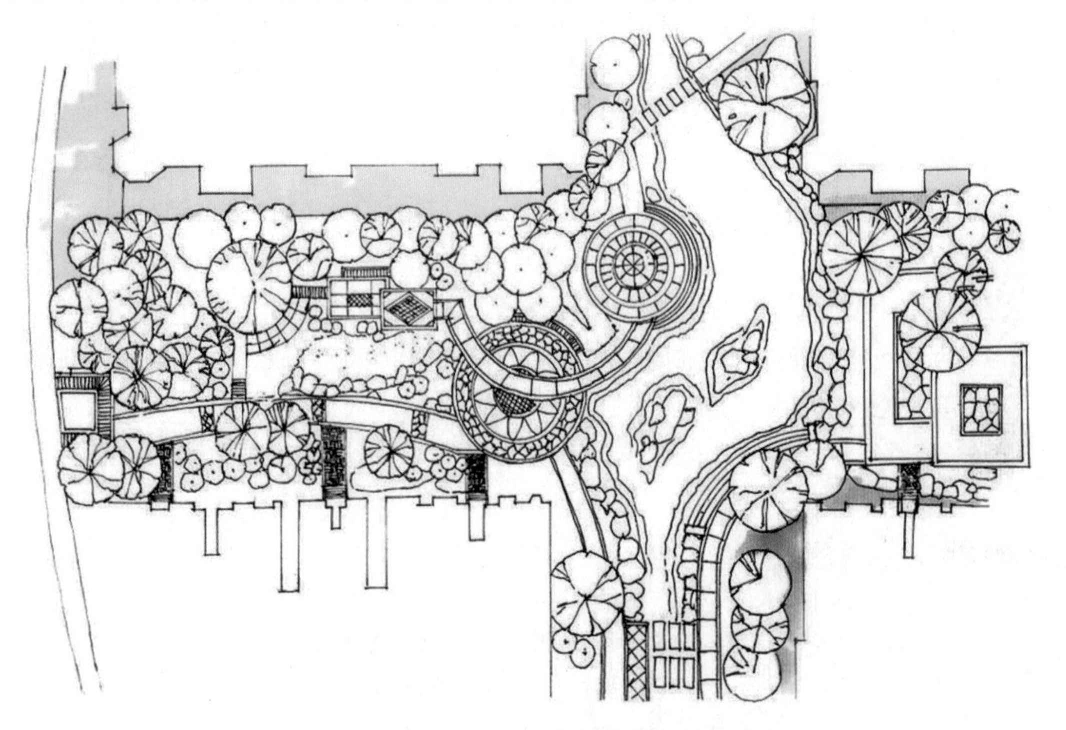

图 3-16　绘制草坪底色

(3) 绘制景观平面图中所有绿色系植物,铺第一遍底色,如图 3-17 所示。

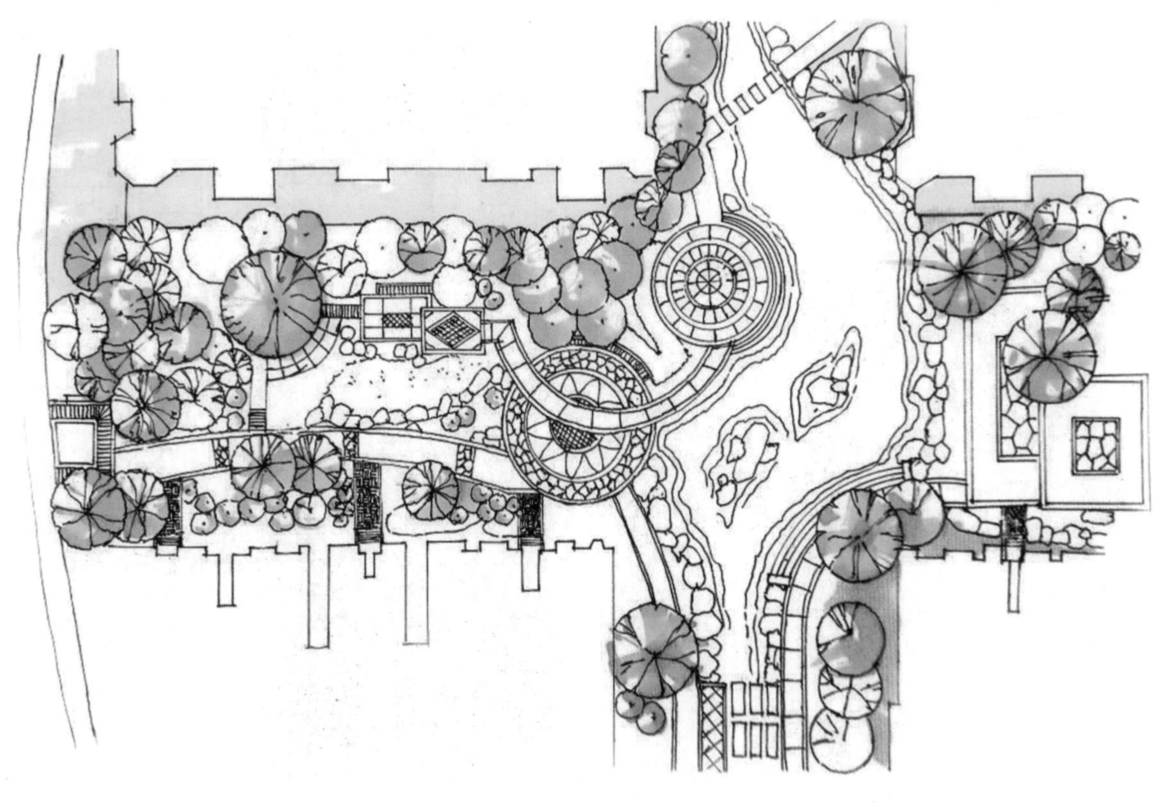

图 3-17　绘制植物

(4) 绘制景观平面图中剩余的植物颜色,只上底色,如图 3-18 所示。

图 3-18　绘制植物颜色

(5) 绘制景观平面图中水的部分,用蓝色系绘制水系,如图 3-19 所示。

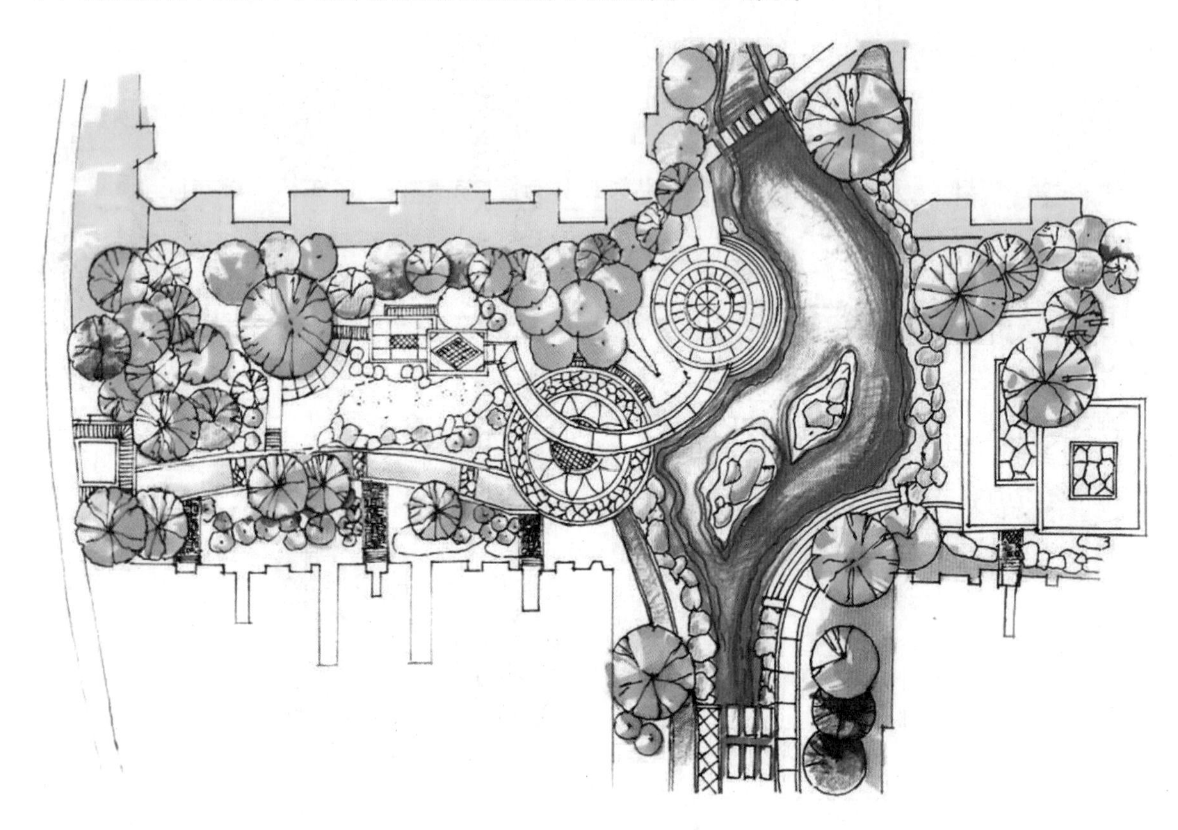

图 3-19　绘制水系

(6) 绘制景观平面图中草坪及周围环境的颜色,如图 3-20 所示。

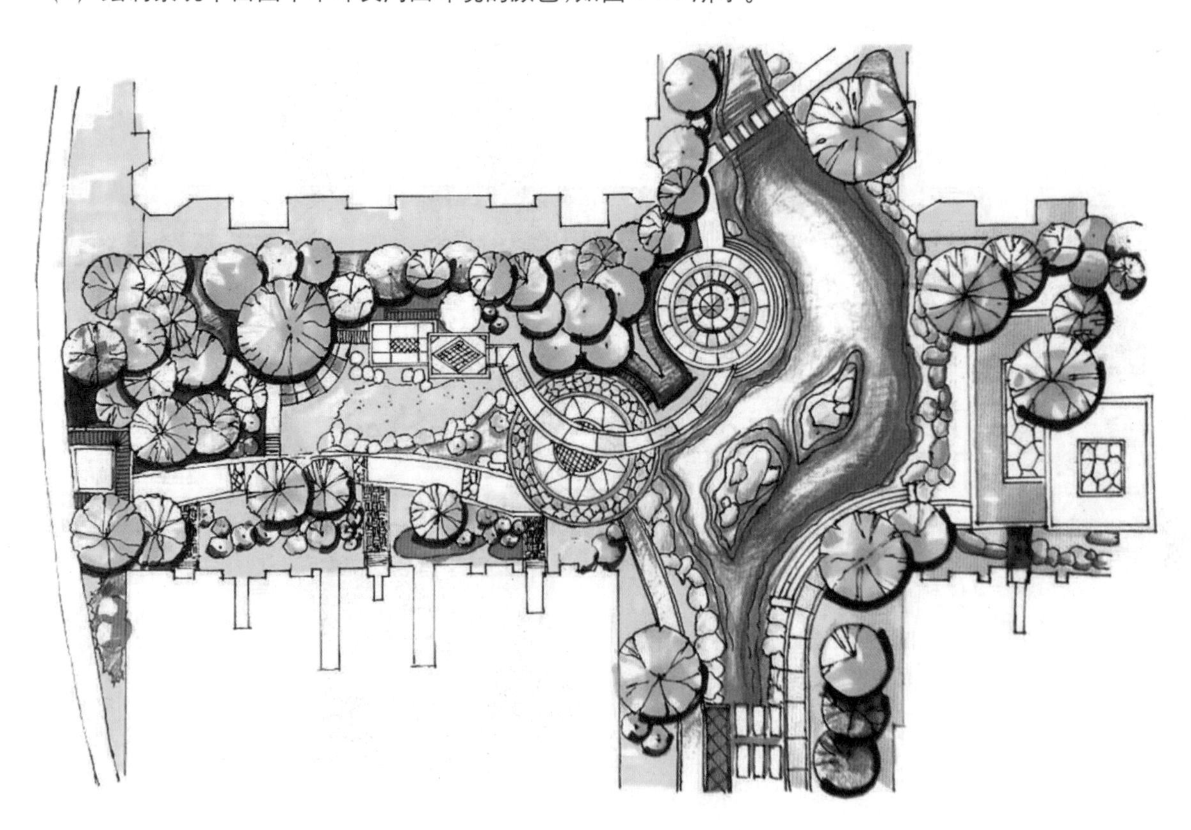

图 3-20　绘制周围环境

(7) 绘制景观平面图中绿色植物的暗部颜色，如图 3-21 所示。

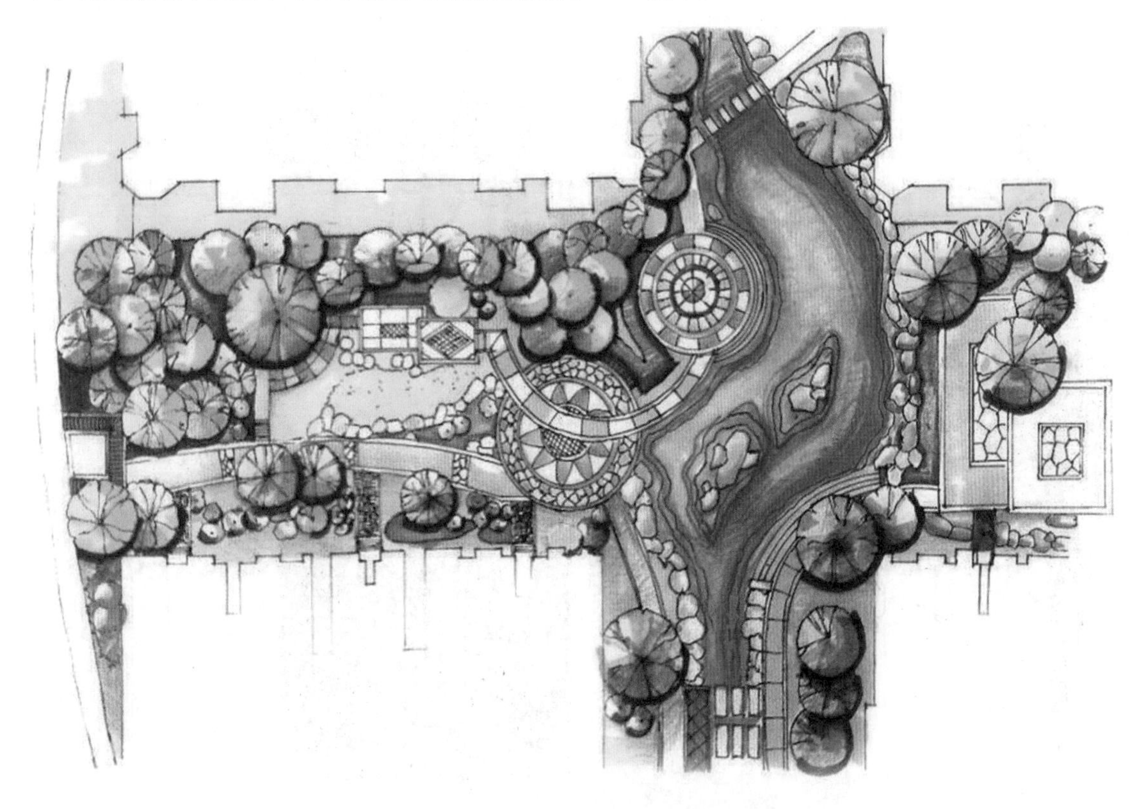

图 3-21 绘制暗部颜色

(8) 加重所有植物的暗部颜色以及水系的暗部颜色，加强空间层次感，如图 3-22 所示。

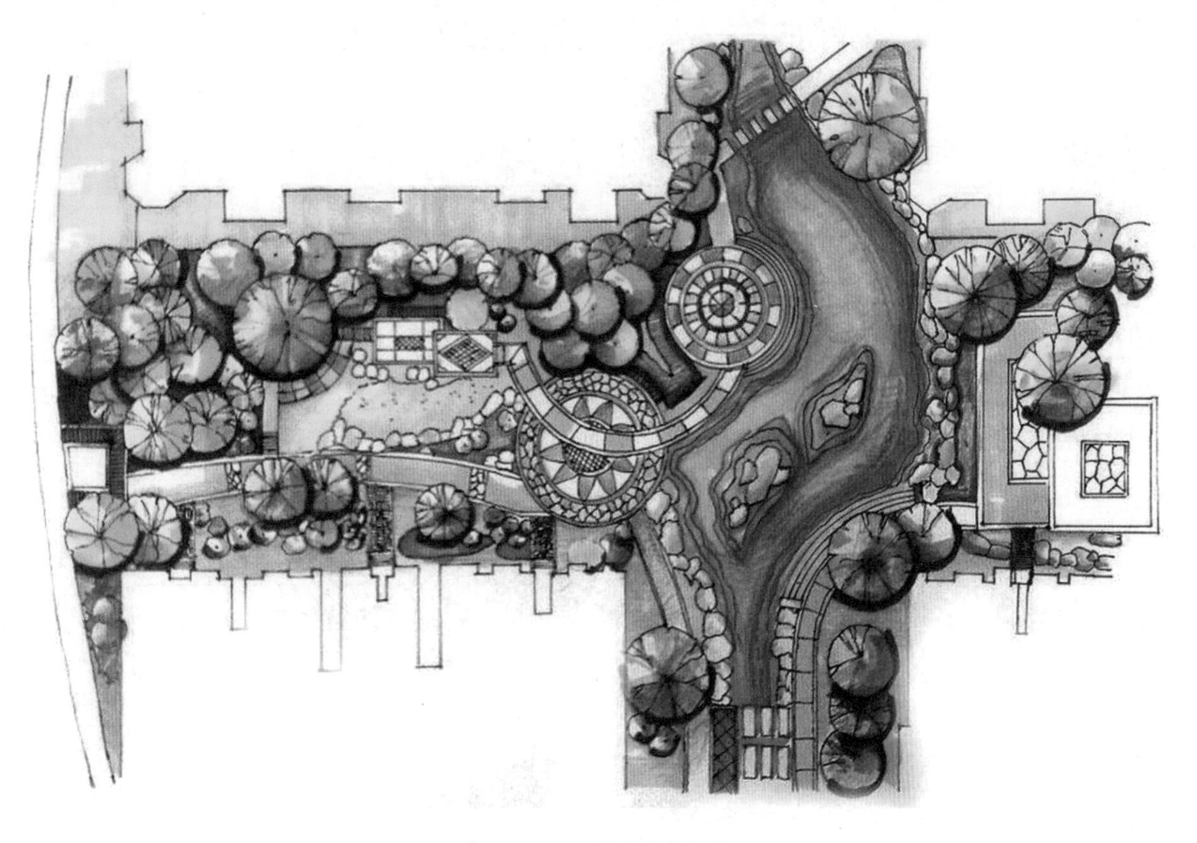

图 3-22 调整暗部颜色

（9）调整画面，完成，如图 3-23 所示。

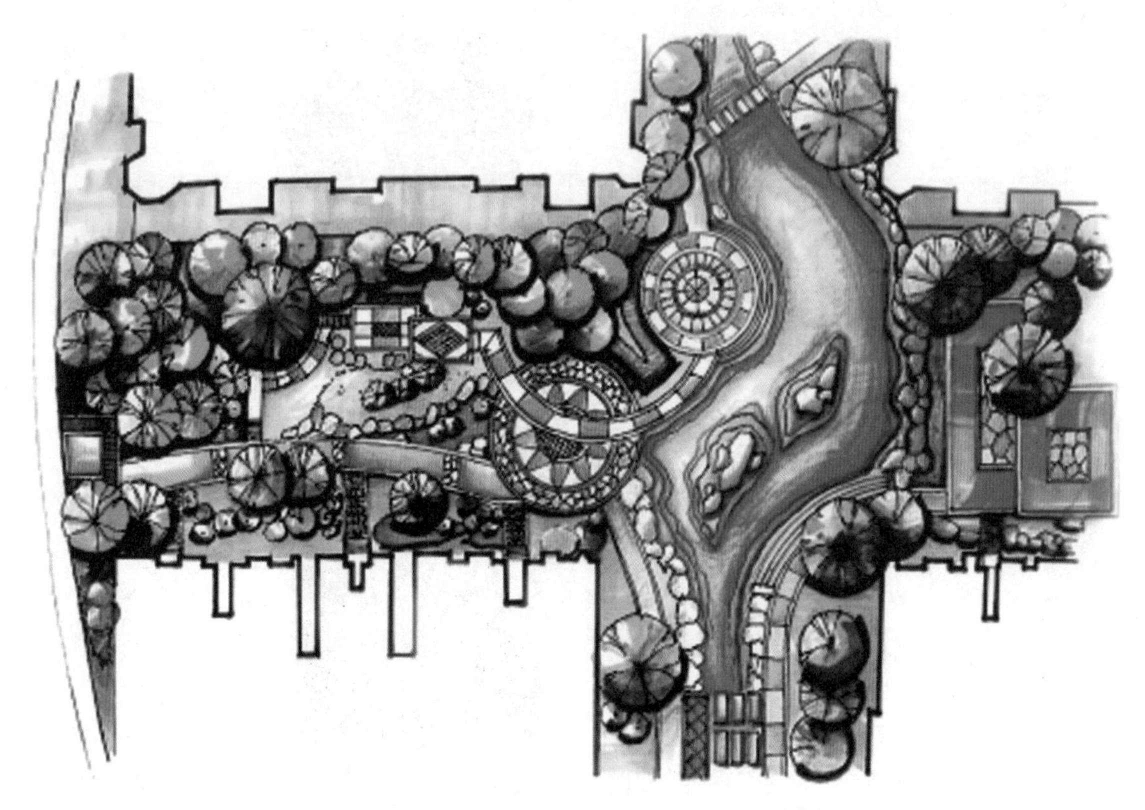

图 3-23 调整画面

第四节 景观效果图设计表现

一、景观效果图绘制步骤

（1）绘制出准确的铅笔透视稿，并可以将其复印多张，作不同的色稿练习。

（2）先用适宜的淡彩或选一种灰色，将室外植物、水系和配景与光影关系用退晕渐变的手法表现出来。

（3）进一步深入刻画，用马克笔将室外环境关系与光影明暗等效果巧妙、生动地塑造出来。对景观空间中“近景”“中景”和“远景”的处理恰当，笔触要富有表现力，色彩要丰富、鲜明、生动。

（4）对画面整体关系做统一调整，局部色彩关系可以用彩色铅笔来加强，以取得画面整体协调的完美效果。

二、案例详解

通过图 3-24 和图 3-25 的比较可以看出，手绘方案设计稿依据整幅景观环境的实体状态，对光线、景致、树木等设计要素进行整体规划和艺术表达，在高度还原景观设计方案的基础上，细化小型内部空间，极大地增强了画面层次。

（1）根据甲方要求确定景观设计要素及确定方案的透视关系，如图 3-26 所示。

（2）根据透视原理，准确地设计出各部分设计“元素”，如图 3-27 所示。

（3）正确处理景观空间中“近景”“中景”和“远景”的关系，做到张弛有度，如图 3-28 所示。

图 3-24　方案设计图

图 3-25 竣工实景图

图 3-26　确定透视关系

图 3-27　确定景观设计元素

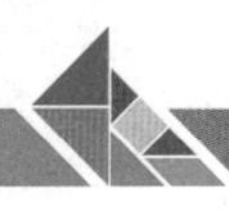

图 3-28　处理空间关系

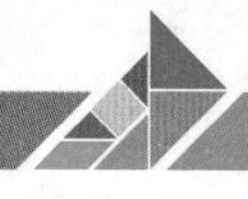

（4）调整画面，重点刻画“中景”和“近景”部分，如图 3-29 所示。

图 3-29　调整画面（1）

（5）用马克笔绘制出景观环境的基本色调，保持画面的协调统一，如图 3-30 所示。

图 3-30 确定基本色调

（6）绘制画面中各部分景观设计元素的“灰面”颜色，使画面更加有层次感，如图 3-31 所示。

图 3-31　绘制景观设计元素的“灰面”颜色

（7）绘制画面中各部分景观设计元素的“暗面”颜色，增加空间立体感和层次感，如图 3-32 所示。

图 3-32 绘制景观设计元素的“暗面”颜色

(8) 调整画面,绘制出投影、反光和高光等,使画面更加真实,如图 3-33 所示。

图 3-33 调整画面 (2)

第五节　建筑效果图设计表现

建筑效果图是把环境景观建筑用写实的手法通过图形的方式进行传递。效果图是指在建筑、装饰施工之前，通过施工图纸，把施工后的实际效果、场景环境等用近乎真实和直观的立体视图一起呈现出来，让大家能够一目了然地看到施工后的实际效果。

一幅优秀的建筑作品，不仅要保持一定个性鲜明的风格，对建筑本身的认识也很重要。表现建筑时，要注意画面的明暗关系，运用线条的排列烘托建筑本身的体积感。建筑物的表现主要强调水平形态、尺度和与周边环境的关系，建筑物的轮廓线应准确明晰。

建筑效果图绘制的具体步骤如下。

（1）绘制建筑线稿，把握建筑与环境的关系，如图 3-34 所示。

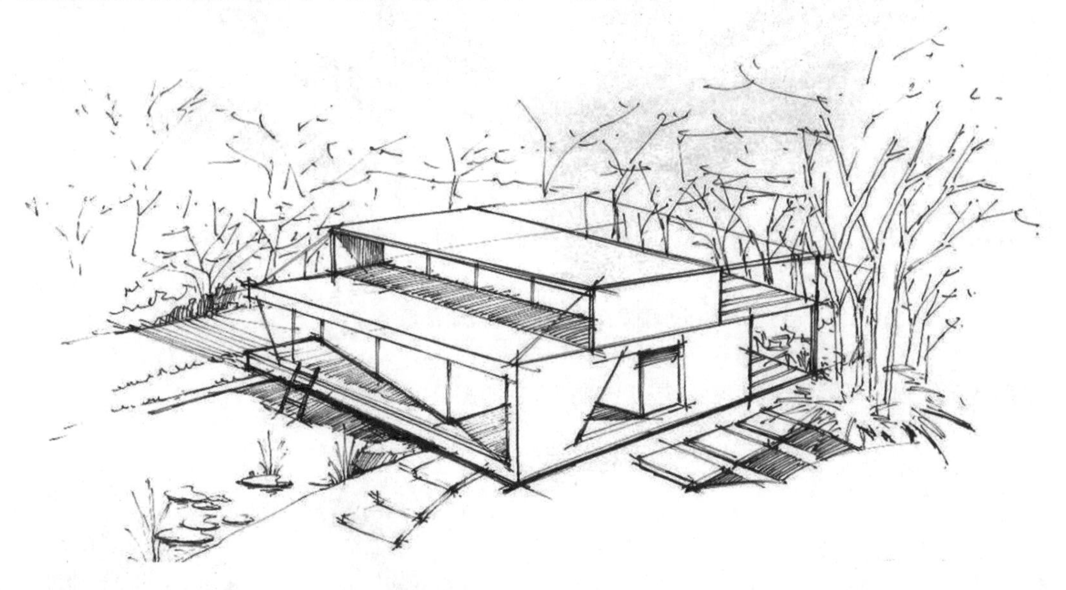

图 3-34　观察画面

（2）绘制建筑部分与植物部分颜色，注意马克笔的排列和颜色搭配，如图 3-35 所示。

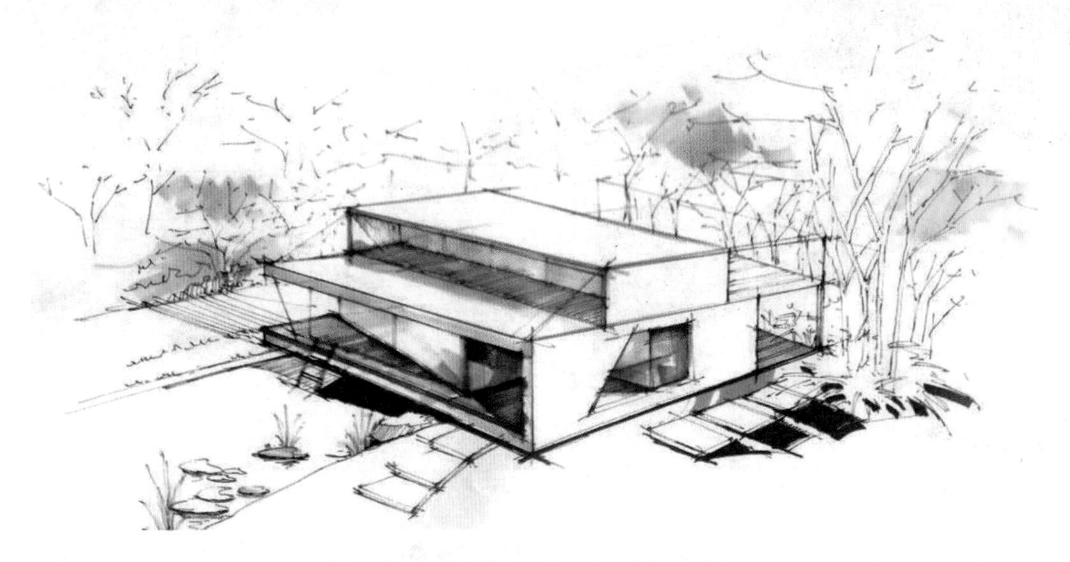

图 3-35　绘制建筑部分与植物部分颜色

（3）绘制建筑暗部颜色，增加体积感和立体感，如图 3-36 所示。

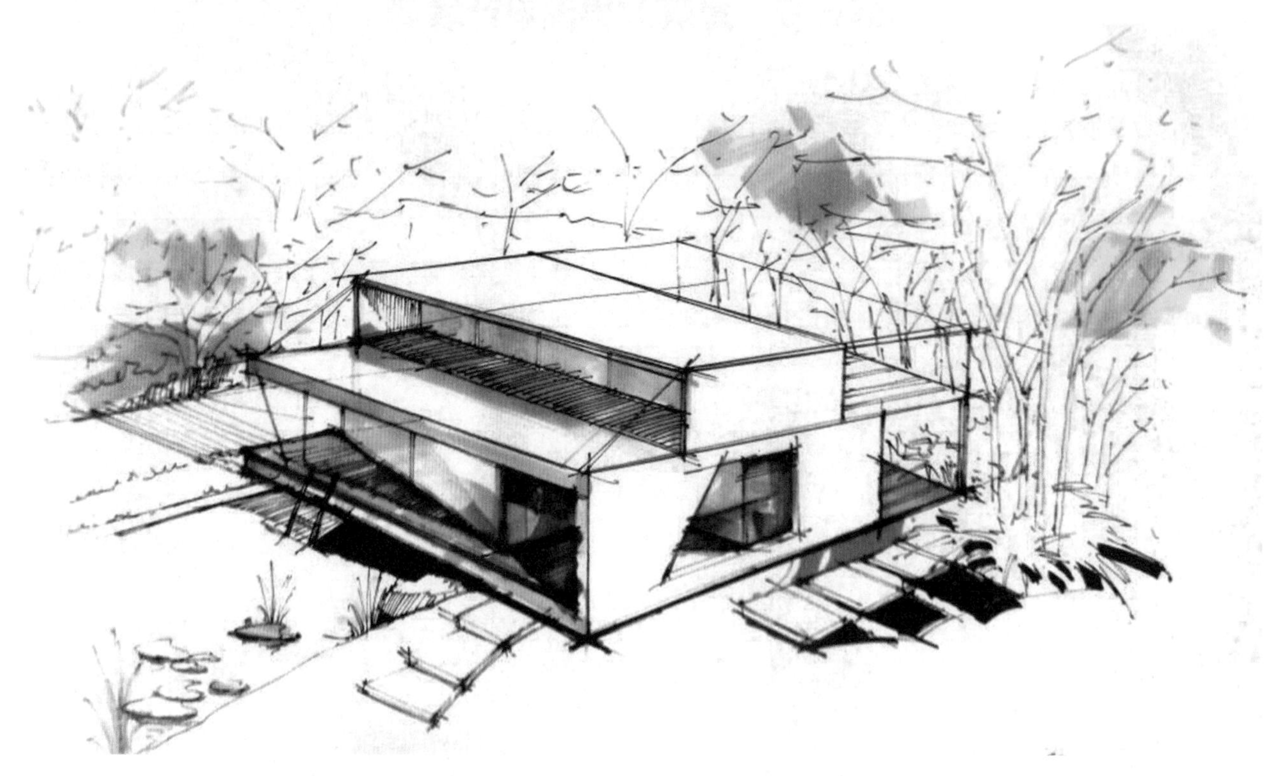

图 3-36　绘制建筑暗部颜色

（4）绘制建筑周围的环境色，将植物的层次绘制出来，如图 3-37 所示。

图 3-37　绘制建筑周围植物

(5) 调整植物的层次性，将植物的颜色分成三种层次表现，如图 3-38 所示。

图 3-38　绘制植物颜色

(6) 加重植物的暗部颜色，衬托出主体建筑结构，如图 3-39 所示。

图 3-39　调整暗部颜色

（7）将建筑主体的玻璃绘制出来和周围的环境紧密地结合，如图 3-40 所示。

图 3-40　绘制玻璃材质

（8）调整画面，用提线笔画出玻璃的反光，完成最后的工作，如图 3-41 所示。

图 3-41　调整画面

第六节　实 训 案 例

实训案例欣赏如图 3-42 ～图 3-65 所示。

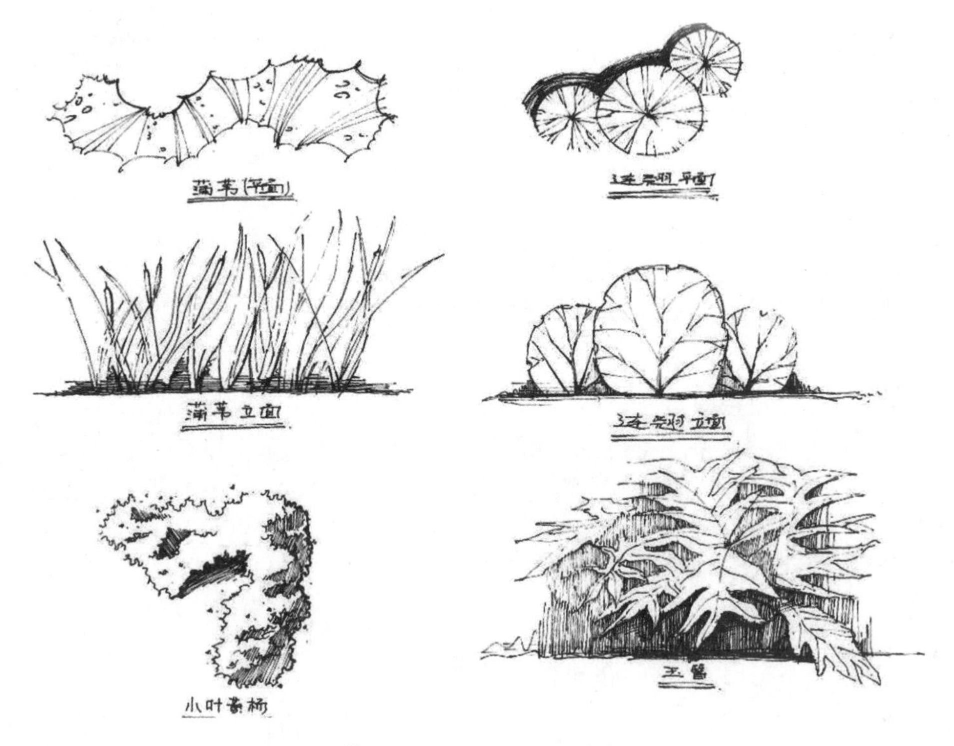

图 3-42　植物线稿（1）

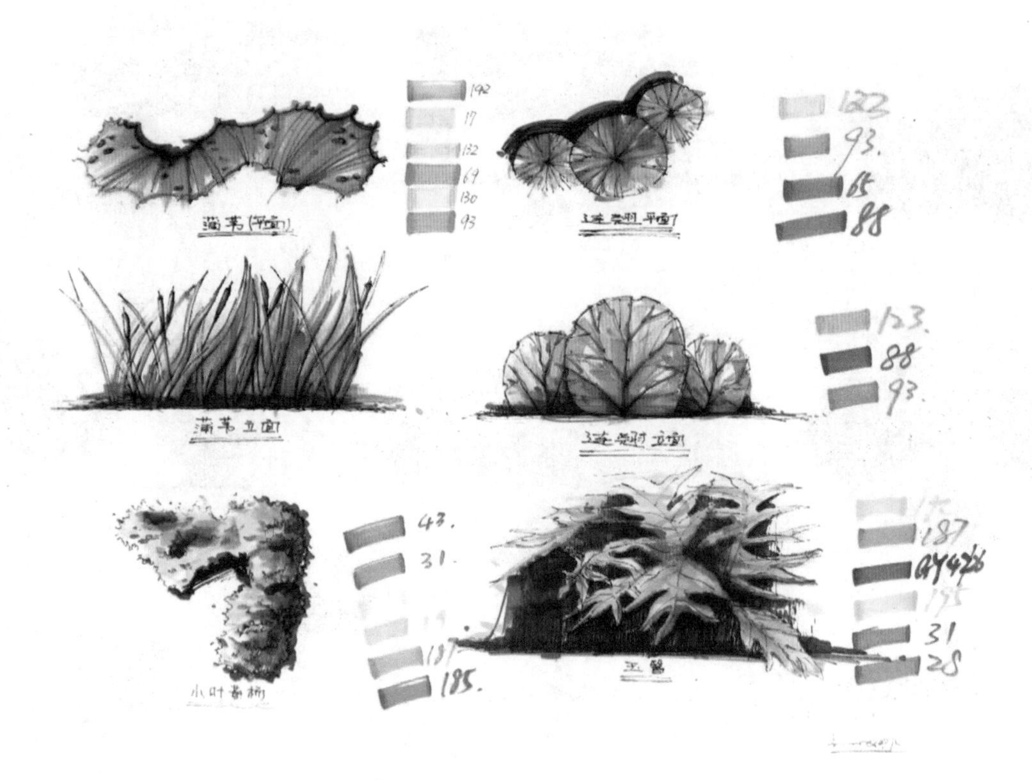

图 3-43　植物颜色稿（1）

图 3-44　植物线稿（2）

图 3-45　植物颜色稿（2）

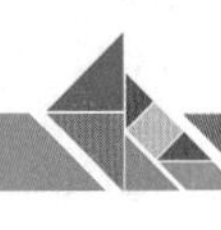

图 3-46　植物线稿（3）

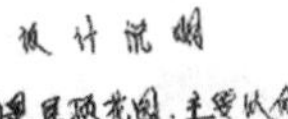

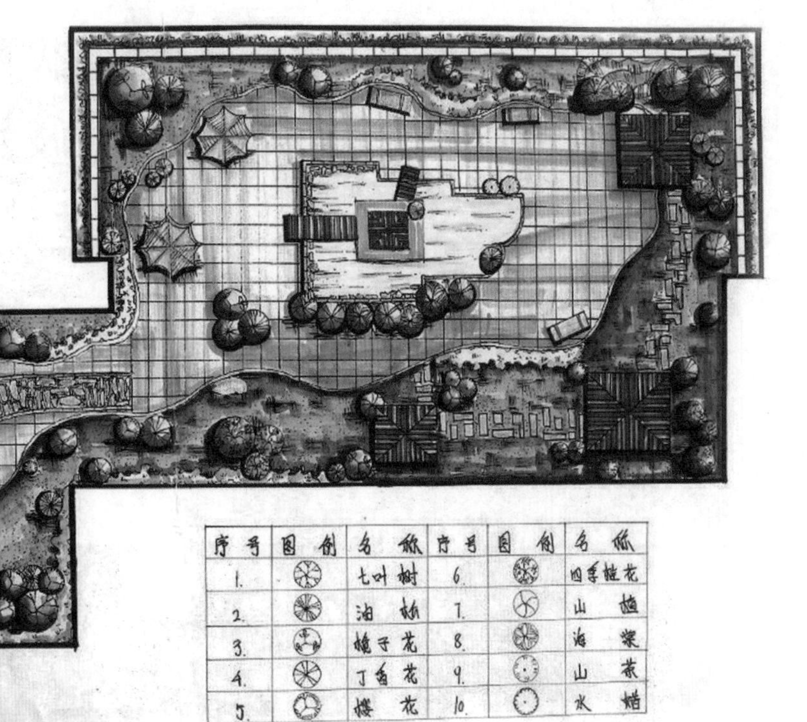

图 3-47　屋顶花园

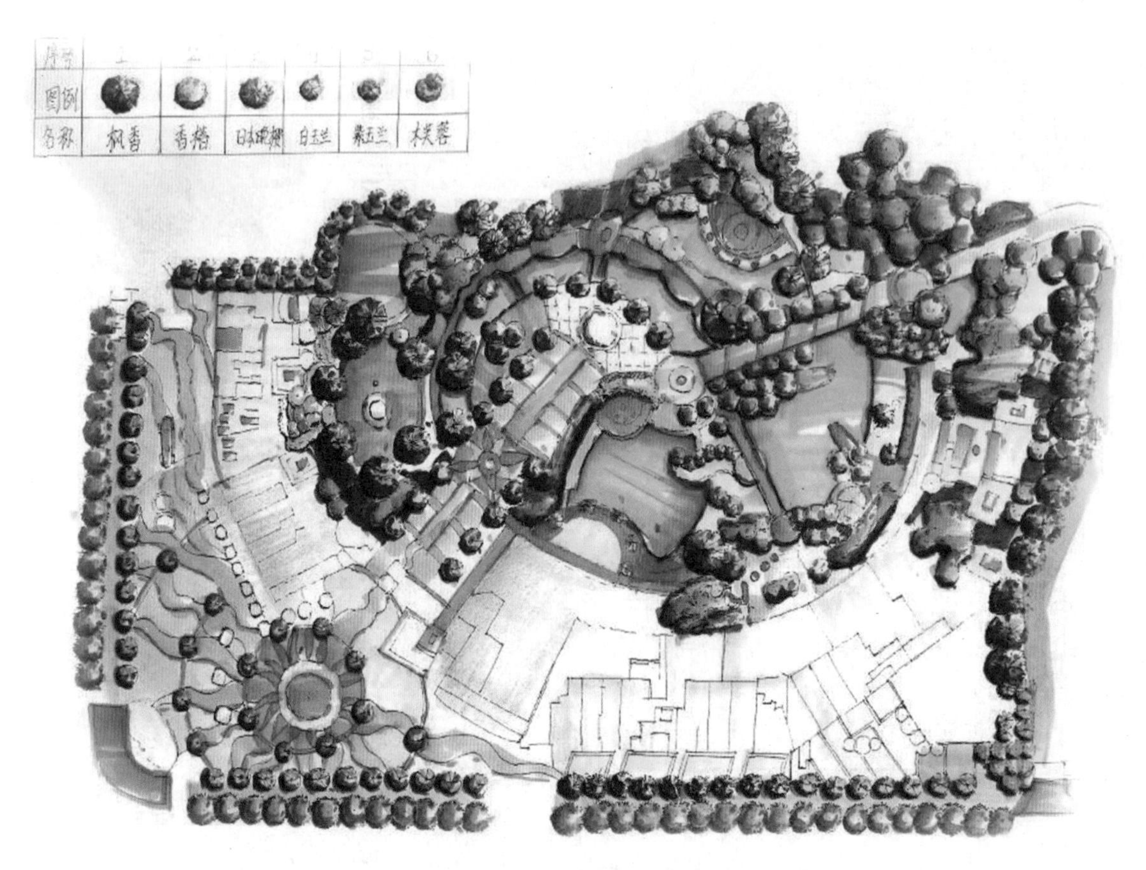

图 3-48　景观平面（1）

图 3-49　景观平面（2）

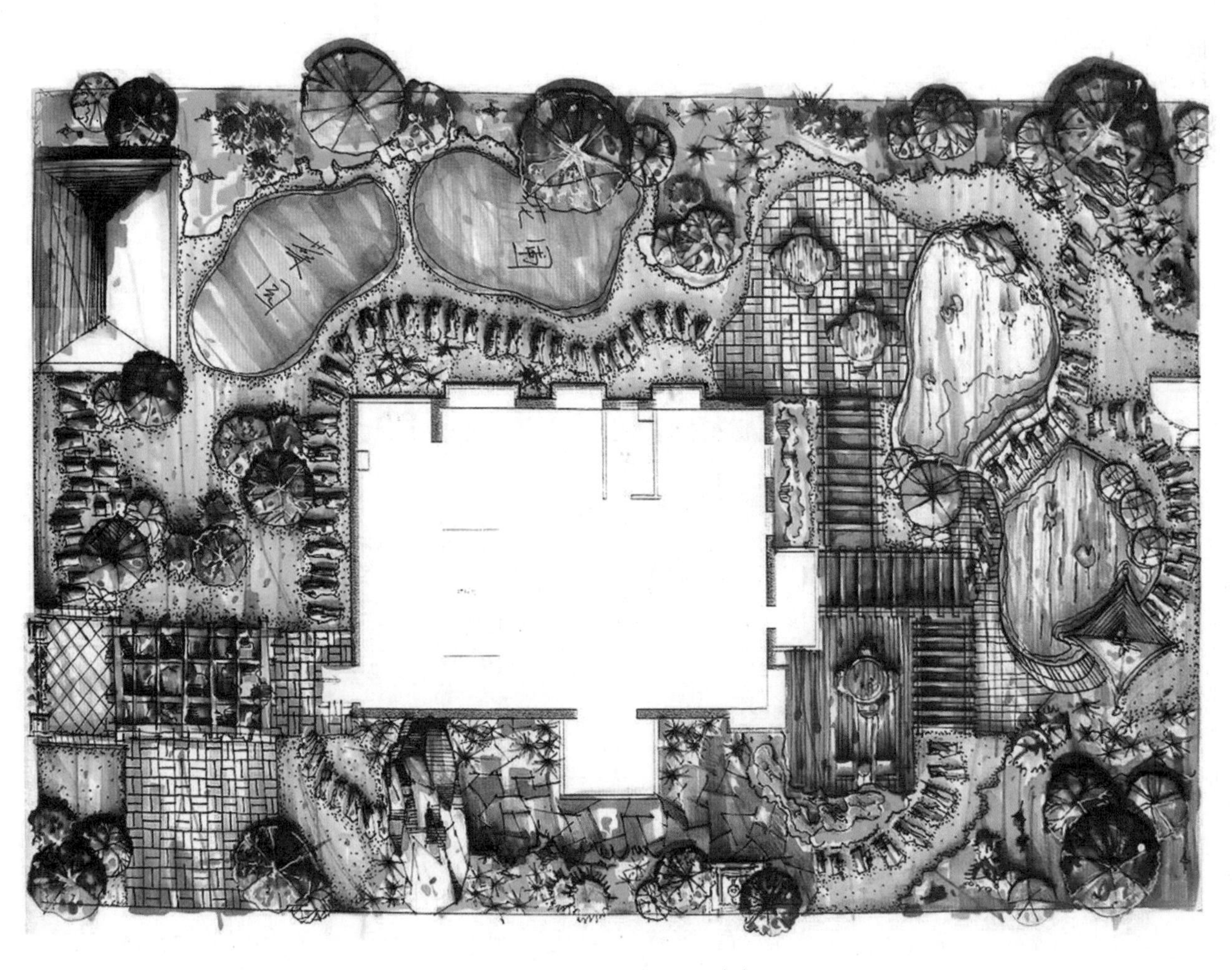

图 3-50　景观平面（3）

图 3-51　售楼处景观设计

图 3-52　别墅线稿

图 3-53　别墅颜色稿

图 3-54　公园景观设计（1）

图 3-55　公园景观设计（2）

图 3-56　公园景观设计（3）

图 3-57　广场设计

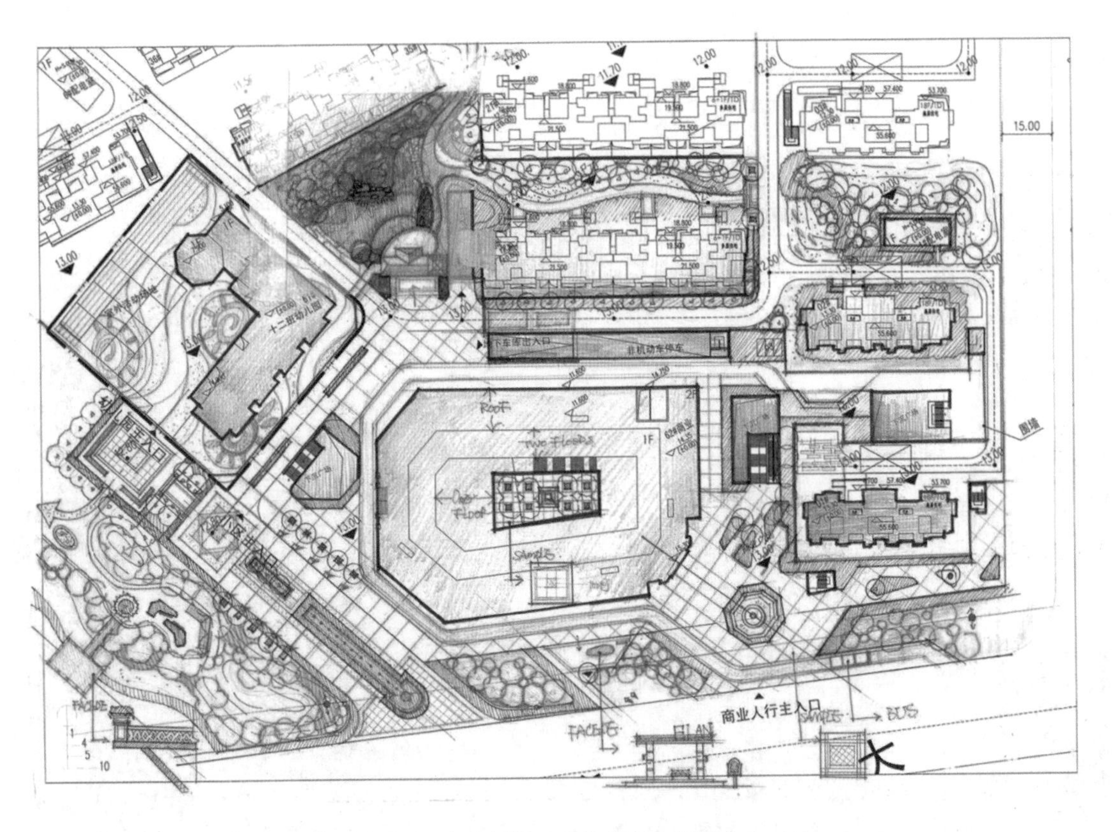

图 3-58　南京板桥区石林大公园设计方案（1）

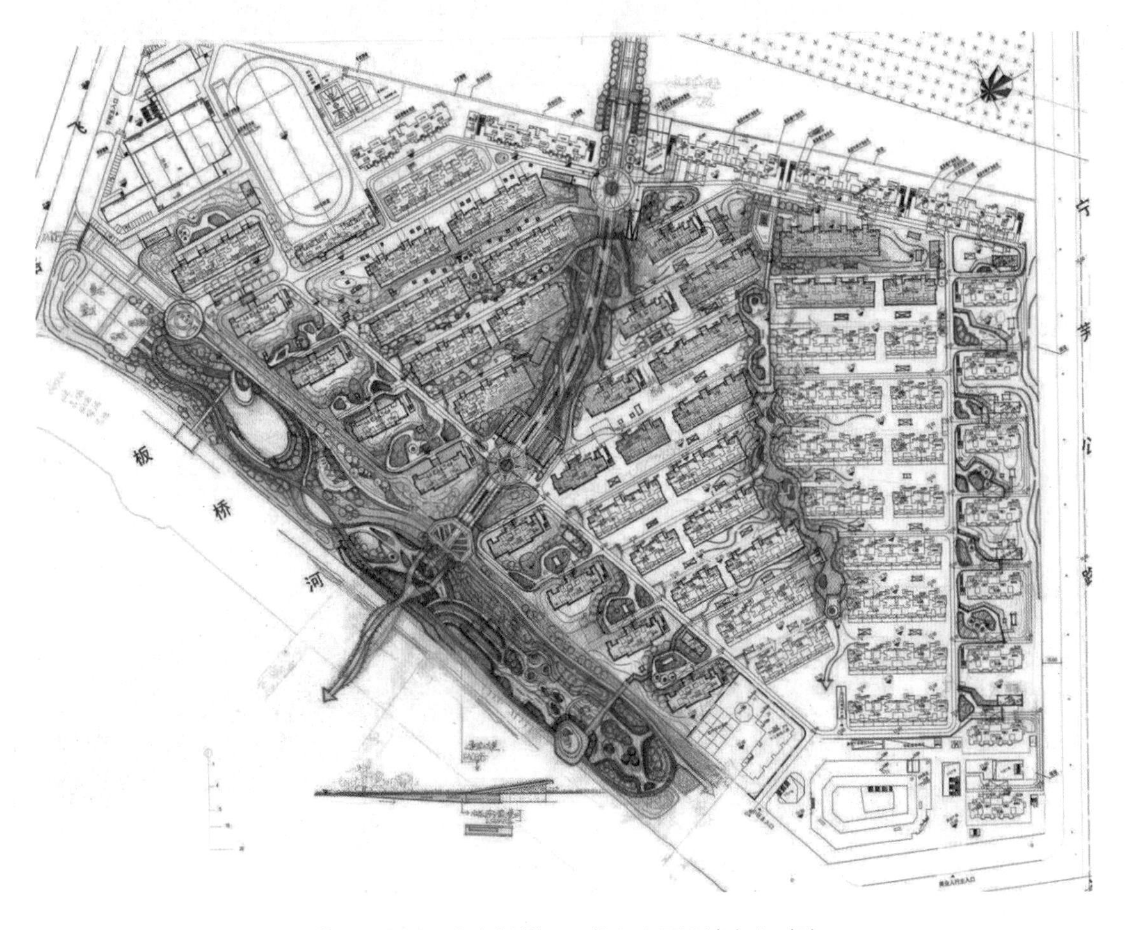

图 3-59　南京板桥区石林大公园设计方案（2）

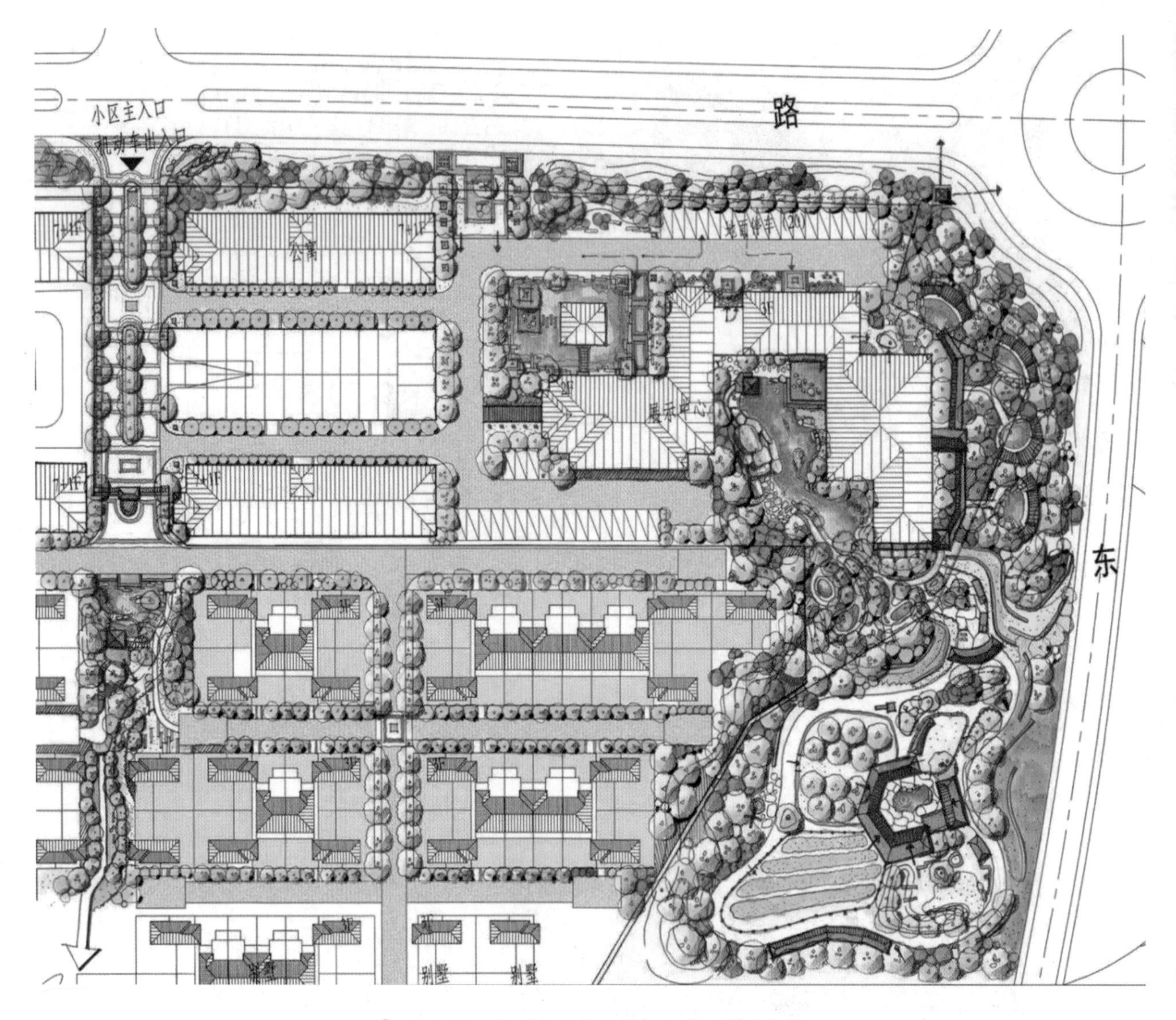

图 3-60　扬州白羊山度假区示范区景观方案

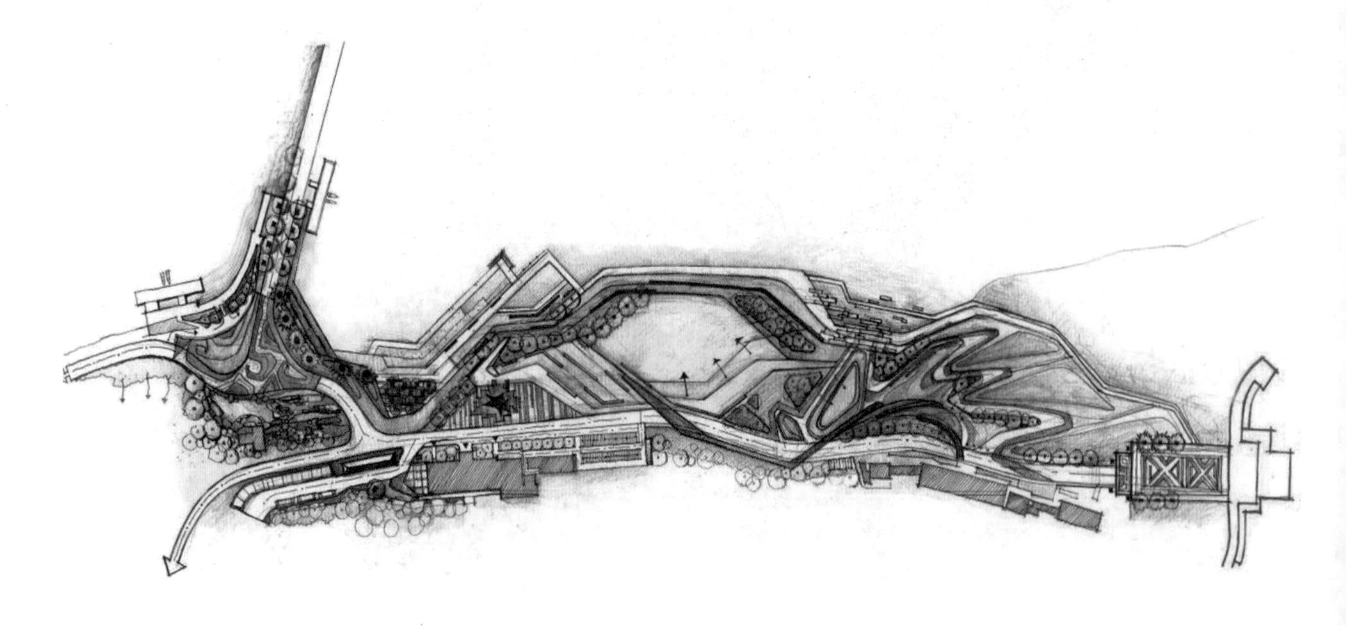

图 3-61　武汉东湖磨山绿道设计方案

图 3-62　沈阳七星海世界设计方案（1）

图 3-63　沈阳七星海世界设计方案（2）

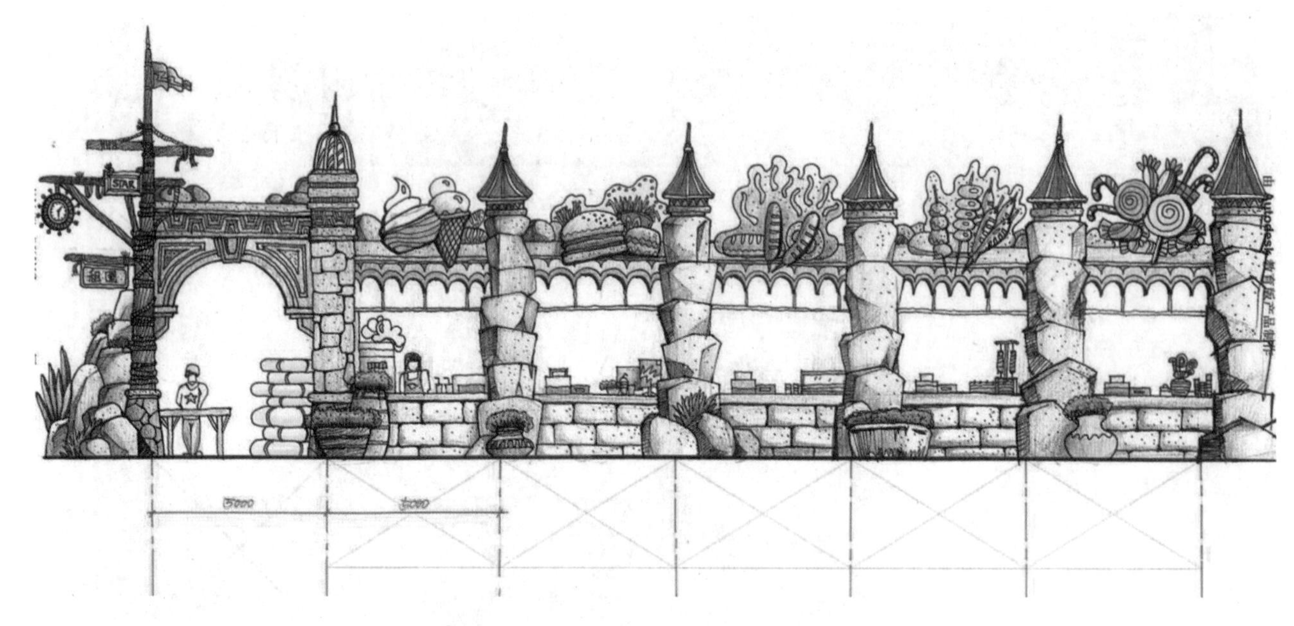

图 3-64　沈阳七星海世界设计方案（3）

图 3-65　沈阳七星海世界设计方案（4）

习　　题

1．根据所学知识绘制室外彩色平面效果图。

2．利用两点透视原理绘制别墅效果图。

3．利用透视原理绘制休闲区景观效果图。

4．利用透视原理绘制广场景观效果图。

5．利用透视原理绘制居住区景观效果图。

参 考 文 献

[1] 郑嘉文 . 室内设计手绘基础精讲 [M]. 武汉：华中科技大学出版社，2020.

[2] 陈春娜 . 室内设计空间手绘表现 [M]. 北京：清华大学出版社，2020.

[3] 中山繁信 . 手绘建筑空间设计与表现 [M]. 武汉 : 华中科技大学出版社，2019.

[4] 李国涛 . 马克笔建筑体块手绘表现技法 [M]. 北京：人民邮电出版社，2020.

[5] 陈立飞 . 景观设计快速表现与技法 [M]. 北京：机械工业出版社，2019.

[6] 陈锐雄,陈立飞,张伟喜 . 室内设计快速表现与技法 [M]. 北京：机械工业出版社，2019.

[7] 赵航 . 景观・建筑手绘表现综合技法 [M]. 北京：中国青年出版社，2018.

[8] 董成 . 景观设计手绘效果图表现 [M]. 武汉：华中科技大学出版社，2020.

[9] 李虎 . 马克笔建筑表现技法 [M]. 沈阳：辽宁美术出版社，2017.

[10] 张恒国 . 手绘效果图表现技法及应用 [M].2 版 . 北京：清华大学出版社，2018.